什么是化学？

WHAT IS CHEMISTRY?

U0244880

陶胜洋　王玉超　张利静　编著

图书在版编目(CIP)数据

什么是化学? / 陶胜洋,王玉超,张利静编著. --
大连 : 大连理工大学出版社,2021.9
ISBN 978-7-5685-2992-1

Ⅰ. ①什… Ⅱ. ①陶… ②王… ③张… Ⅲ. ①化学—普及读物 Ⅳ. ①O6-49

中国版本图书馆 CIP 数据核字(2021)第 071878 号

什么是化学? SHENME SHI HUAXUE?

出 版 人:苏克治
责任编辑:于建辉 王 伟
责任校对:李宏艳 周 欢
封面设计:奇景创意

出版发行:大连理工大学出版社
(地址:大连市软件园路 80 号,邮编:116023)
电 话:0411-84708842(发行)
0411-84708943(邮购) 0411-84701466(传真)
邮 箱:dutp@dutp.cn
网 址:http://dutp.dlut.edu.cn

印 刷:辽宁新华印务有限公司
幅面尺寸:139mm×210mm
印 张:5.5
字 数:87 千字
版 次:2021 年 9 月第 1 版
印 次:2021 年 9 月第 1 次印刷
书 号:ISBN 978-7-5685-2992-1
定 价:39.80 元

出版者序

高考，一年一季，如期而至，举国关注，牵动万家！这里面有莘莘学子的努力拼搏，万千父母的望子成龙，授业恩师的佳音静候。怎么报考，如何选择大学和专业？如愿，学爱结合；或者，带着疑惑，步入大学继续寻找答案。

大学由不同的学科聚合组成，并根据各个学科研究方向的差异，汇聚不同专业的学界英才，具有教书育人、科学研究、服务社会、文化传承等职能。当然，这项探索科学、挑战未知、启迪智慧的事业也期盼无数青年人的加入，吸引着社会各界的关注。

在我国，高中毕业生大都通过高考、双向选择，进入大学的不同专业学习，在校园里开阔眼界，增长知识，提

升能力，升华境界。而如何更好地了解大学，认识专业，明晰人生选择，是一个很现实的问题。

为此，我们在社会各界的大力支持下，延请一批由院士领衔、在知名大学工作多年的老师，与我们共同策划、组织编写了“走进大学”丛书。这些老师以科学的角度、专业的眼光、深入浅出的语言，系统化、全景式地阐释和解读了不同学科的学术内涵、专业特点，以及将来的发展方向和社会需求。希望能够以此帮助准备进入大学的同学，让他们满怀信心地再次起航，踏上新的、更高一级的求学之路。同时也为一向关心大学学科建设、关心高教事业发展的读者朋友搭建一个全面涉猎、深入了解的平台。

我们把“走进大学”丛书推荐给大家。

一是即将走进大学，但在专业选择上尚存困惑的高中生朋友。如何选择大学和专业从来都是热门话题，市场上、网络上的各种论述和信息，有些碎片化，有些鸡汤式，难免流于片面，甚至带有功利色彩，真正专业的介绍文字尚不多见。本丛书的作者来自高校一线，他们给出的专业画像具有权威性，可以更好地为大家服务。

二是已经进入大学学习，但对专业尚未形成系统认知的同学。大学的学习是从基础课开始，逐步转入专业基础课和专业课的。在此过程中，同学对所学专业将逐步加深认识，也可能会伴有一些疑惑甚至苦恼。目前很多大学开设了相关专业的导论课，一般需要一个学期完成，再加上面临的学业规划，例如考研、转专业、辅修某个专业等，都需要对相关专业既有宏观了解又有微观检视。本丛书便于系统地识读专业，有助于针对性更强地规划学习目标。

三是关心大学学科建设、专业发展的读者。他们也许是大学生朋友的亲朋好友，也许是由于某种原因错过心仪大学或者喜爱专业的中老年人。本丛书文风简朴，语言通俗，必将是大家系统了解大学各专业的一个好的选择。

坚持正确的出版导向，多出好的作品，尊重、引导和帮助读者是出版者义不容辞的责任。大连理工大学出版社在做好相关出版服务的基础上，努力拉近高校学者与读者间的距离，尤其在服务一流大学建设的征程中，我们深刻地认识到，大学出版社一定要组织优秀的作者队伍，用心打造培根铸魂、启智增慧的精品出版物，倾尽心力，

服务青年学子，服务社会。

“走进大学”丛书是一次大胆的尝试，也是一个有意义的起点。我们将不断努力，砥砺前行，为美好的明天真挚地付出。希望得到读者朋友的理解和支持。

谢谢大家！

2021年春于大连

前　言

大到宇宙中的星辰，小到人体中的细胞，都是由各种各样的化学元素组成的，它们通过原子和分子间的不同相互作用，形成了我们生活的这个五彩斑斓、充满生机的世界。人们在享受高度发达的物质文明带来的便利时，往往容易忽视这些幸福从何而来。从人类诞生之日起，化学就与人类的发展息息相关。火的应用使得人们吃上了熟食，强壮了身体，提升了智慧；金属的冶炼使得人们用上了结实的新工具，增强了人类改造自然的能力；化学工业带来了农药、化肥，解决了人们的粮食问题；利用高分子化学制造出的塑料、橡胶和合成纤维，已经成为我们日常生活无法离开的功能材料；利用药物化学合成出的结构复杂而功能神奇的分子，极大地延长了人类寿命。

化学带来的新分子、新材料、新能源不断地改造着我们周围的世界，为人类社会从青铜时代到信息时代的发展提供了坚实的物质基础。应该说，没有化学，就没有我们今天的美好生活。

尽管现代人的生活与化学如此地不可分离，但是，化学如一座隐藏在云雾中的俊美山峦，让人难以看清，大有"不识庐山真面目，只缘身在此山中"的感觉。从古代的金丹术和炼金术开始，化学就披上了一层神秘主义色彩。当时的炼丹师和炼金术士们大多在为贵族服务，普通人难以接触到化学知识。直至今天，大多数非化学专业的学生也没有接触过系统的化学科学训练。很多人对化学的认识还停留在发光变色这些实验现象上，对于化学究竟在研究什么，化学家究竟在做什么知之甚少。在当前这个媒体发达、信息爆炸的年代，很多信息让人真伪难辨，也不乏有人打着化学的旗号招摇撞骗。而环境污染和化学品安全使用问题频发则使得人们对化学更容易产生负面印象，一些人甚至谈"化"色变。因此，我们有必要了解化学这一古老学科的真实面貌。我国当前面临的很多重要科技难题，如极紫外光刻胶、特种半导体材料、高纯化学品等，更是需要化学科学和技术来解决。本书从化学发展简史出发，分别介绍了化学学科的基本内涵和分支学科，化学技术在人类文明发展中发挥的巨大作用、化学研究的前沿领域、化学对其他学科的支撑作用、化学专业的培养体系以及化学家的巨大贡献。我们希望通过本书，让大家看到一个真实的、鲜活的、富有生命力的化学学科，了解化学专业的重要意义和大学中化学专业的特点。我们期盼对科学世界充满好奇心的高中生能够从本书中看到一个不一样的化学世界，从而担负起建设和发展化学科学的责任，为人类创造一个更美好的未来。

本书由陶胜洋教授统稿，陶胜洋、王玉超和张利静三位教师共同编写完成，宋良玮同学绘制了本书全部插图。错误、不当之处敬请读者批评指正。

编著者

2021 年 4 月

目　录

化学科学的基本内涵

天地虽大，其化均也；万物虽多，其治一也。

——《庄子·天地》

▶▶化学的起源——从金丹术到现代科学

化学是研究物质合成及其变化过程与规律的自然科学。作为最古老的基础科学之一，化学从诞生时起就与人类的发展息息相关。所有活着的生物体每时每刻都会发生大量的化学反应，以维持生理活动的正常运行。人在成长和日常生活中需要消耗大量的化学物质，例如，空气、水、药物、化肥、陶瓷、玻璃、金属等。因此，人类在物质、能量、健康和信息等方面产生的源源不断的需求推动了化学科学不断向前发展。（图 1）

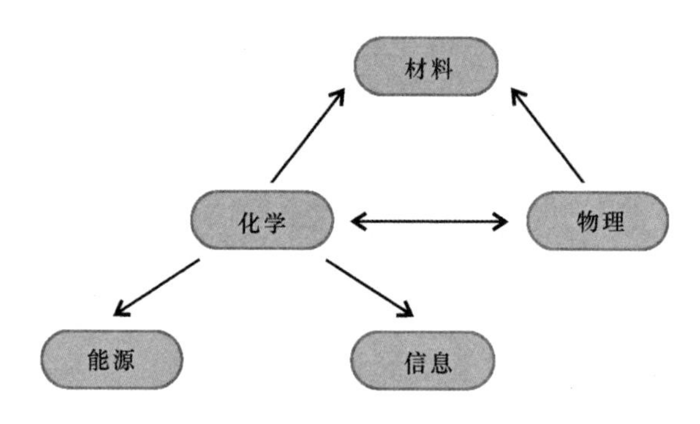

图 1　化学与其他学科的关系

➡➡原始化学的前奏

人类最早关注的化学反应,大概是火焰产生的燃烧与加热过程。根据考古学家对中国云南省元谋县、非洲肯尼亚的切苏瓦尼亚等地的考察发现,在一百多万年前,人类学会了使用火。通过用火来加热食物、获得温暖,人类开始注意到物质的变化过程。泥土在火的煅烧下变得坚硬,一些特殊的石头经过火的作用变成了亮闪闪的金属。这些现象使人类开始有意识地使用火来进行陶器的制造和金属的冶炼,从而形成了最早的应用性化学技术。这也是人类在长期实践过程中对物质性质不断认识和理解的结果。尽管古人没有什么科学理论,但是他们具备很高水平的实践技巧，可以制造出精美的陶器、瓷器和青铜器等。在新石器时代，我国已经出现原始的陶器。

在 6 500 年前，我国原始陶器发展为红陶，就是因为黏土在氧化性火焰中生成了红色的 Fe_2O_3。后来出现的黑陶，其形成的重要原因之一就是陶坯中的 Fe_2O_3 被还原为 Fe_3O_4。在黑陶之后出现的白陶、硬陶则含有大量的 Al_2O_3、SiO_2 等成分，并且可在其上制作精美的花纹和彩绘，从而更加典雅美观。由陶器发展为瓷器是中国制陶过程中特有的发展道路。在商代，我国就产生了釉陶。这表明窑温已经达到了 1 200 ℃，从而使陶器表面在焙烧过程中出现了玻璃状物质，这就是釉。釉的颜色可以根据还原性或者氧化性火焰的不同进行调节，也可以通过施以不同的釉色形成艳丽、清冷或端庄的彩色釉陶，例如唐三彩、青花瓷等。在过去的几千年中，瓷器深受世界人民的喜爱，为我国带来了巨大的经济收益。

在陶瓷发展的同时，金属冶炼技术也登上了人类文明的舞台。由于金属的活泼性不同，在自然界可以发现天然的单质金和铜，而几乎没有天然的单质铁。新石器时代的人们已经开始佩戴黄金装饰品，而对铜的认识也许比黄金还早。美洲的印第安人直接加工、使用天然铜，而埃及和美索不达米亚则在 5 500 多年前开始冶炼铜矿

石以得到金属铜。我国最早的青铜器发现于新石器时代后期的遗迹中，而大型青铜器则在殷商时期才出现。无论是东方还是西方，早期的铜器（青铜器）都以铜的锡铅合金为主。公元前 4 000 年至公元初年也被称为青铜时代。铁和钢的冶炼要晚于铜。约 4 000 年前，小亚细亚半岛的赫梯人就开始使用铁器，他们的冶炼技术逐渐传播到地中海周边国家以及阿拉伯等地。我国的冶铁技术可以追溯至公元前 6 世纪，当时为春秋中后期。人们在打造铁器过程中发现的淬火、渗碳技术可以极大地改变铁合金的成分和金属内部结晶的微观结构，从而产生许多由高质量钢制成的冷兵器，如著名的大马士革刀、错金书刀等。

除了陶瓷和冶金，古代人民在制造玻璃、染料，酿酒和制醋等方面也积累了众多实用化学技术。这些技术的发展带来了生产力的进步、生活水平的提高和人类视野的扩大，从而促使人们思考客观世界的本质和演变问题。古代的中国、希腊、埃及、印度等国的哲学家都讨论过相关问题，涉及物质的基本组成、内部结构、转化关系等，其中影响较大的有四元素说。古希腊哲学家泰勒斯、赫拉克利特等提出万物由水、火、土、气组成。柏拉图使用了元素这一概念，认为物质由具有特定形状的元素颗粒构成。亚里士多德总结了前辈的思想，认为万物由某种原始物质组成，此原始物质可以印上某种印记，从而成为一类元素，原始物质上的印记可以进行转变，从而转化为另一种元素。亚里士多德认为热、冷、干、湿是物质的基本性质，它们成对组合，形成了四元素，即火、气、土、水。这些哲学思想成为化学的理论起源之一。原始化学在古埃及和古希腊等地逐渐发展，具有鲜明的实验特征，在后续的演变过程中，在东西方分别产生了金丹术和炼金术等不同的实践体系。

➡➡令人着迷的金丹术

科学技术的发展总是伴随着人类对未知世界探索的欲望和对物质需求的增长而进行的。在古代，当人们从原始部族社会的蒙昧中走出时，对更加美好的文明生活充满了渴望。代表着原始化学发展成果的炼金术和金丹术也正是在这一需求下产生的。

摆脱茹毛饮血、能够吃饱穿好的人们更加渴望长生不老，“与天地相毕，与日月同光”。秦始皇统一六国后，就迫不及待地派遣方士寻找可以使人长生不老的药物。中国的金丹术始于西汉初年。也许中国人很早就认识到“点金术”不可信，公元前 144 年，汉景帝就严禁伪造黄

金,加之汉武帝等皇帝宠信方士,因此,中国的金丹术更多的是研究金丹术,并随着道教的发展而兴起。统治阶级的需求进一步推动了金丹术的研究。在此过程中,人们逐渐认识了一些元素和化合物的性质,并用种种暗语、符号予以记录,以显示金丹术的神秘主义色彩。方士自称能“水炼八石,飞腾流珠”。《周易参同契》记载:“河上姹女,灵而最神,得火则飞,不见埃尘,鬼隐龙匿,莫知所存。将欲制之,黄芽为根。”其中姹女指的是汞,而黄芽则代表硫黄。这段话很好地描述了金属汞易挥发以及能与硫生成稳定的硫化汞的特性。(在现代生活中,如果打碎了水银温度计,也可用硫黄覆盖在上面,以减少汞的挥发污染。)然而,金丹术并没有让人得到长生不老的药物,历史上死于服食丹药的名人显贵不胜枚举。唐代诗人白居易就曾作《思旧》,怀念喜好服食丹药的好友元稹。

思旧(节选)

退之服硫黄,一病讫不痊。

微之炼秋石,未老身溘然。

杜子得丹诀,终日断腥膻。

崔君夸药力,经冬不衣绵。

或疾或暴夭,悉不过中年。

唯予不服食，老命反迟延。

况在少壮时，亦为嗜欲牵。

但耽荤与血，不识汞与铅。

白居易活了74岁，一生从不食丹药，也不信方士，身体却很健康。从如今科学的角度来看，金丹术与炼金术一样，都存在着很多迷信和错误的思想，但是它客观上推动了人们对化学知识的掌握以及对物质世界的认识。在我国金丹术的发展过程中，人们发现了四大发明之一的黑火药，唐代金丹术士就在著作中对此进行了记载，而后，黑火药推动了火炸药和武器装备的发展。在炼丹过程中，术士还留下了很多宝贵的化学遗产。例如，医药化学知识，汞、铅等金属的冶炼，无机颜料和火药的发明。著名的金丹术士葛洪所著《肘后备急方》为屠呦呦发现青蒿素提供了重要灵感。

在东方术士寻找可以使人长生不老药物的时候，西方则进入了炼金术的时代。现代化学英文“chemistry”一词即来源于炼金术。希腊较早开始了这方面的研究，但是随着罗马帝国的兴起，希腊的炼金术曾一度终结。阿拉伯人继承了希腊的炼金术，编著的相关著作在西班牙通过翻译传入欧洲。阿拉伯的炼金术兴起于8世纪，炼金术士大量使用坩埚、蒸发皿、铁剪、烧杯、沙浴装置等仪

器,对后世欧洲炼金术士产生了很大影响。阿拉伯的金丹术著作记载了大量化学工艺的配方,例如,使用和处理金属、矿物、矾土、硼砂和盐类的配方。阿拉伯的炼金术士还制备了硫化钙、碳酸钠、氧化钙、氨液、硫酸铜等。而中世纪欧洲的炼金术则被教会和皇权操纵。当时欧洲已经出现货币地租,炼金术士为贵族制造伪黄金,成为贵族发家致富、鱼肉百姓的手段。欧洲炼金术士认为,水银是一切金属的本源,而硫是一种可燃的性质要素。炼金术的关键是制造“哲人石”,使物质的本质趋于完美,即类似我国炼丹士希望得到的不朽金丹。总的来看,因为思想受宗教神学束缚,中世纪化学发展缓慢,在实用化学领域进展不大。但是在很多新化合物的制备合成、无机酸碱的使用以及将人造化学品用于疾病治疗方面做出了重要的尝试,客观上促进了化学和医药的结合与发展。炼金术的另一个重要贡献是在技术领域:促进了处理化学物质的装置和手段的进步,对发现新的单质和化合物有很大帮助。这些定量手段对后来化学从实用技术走向现代科学起到了关键作用。

➡➡近代化学的春笋

随着文艺复兴的开始,西方的金丹术开始没落。但丁在《神曲》中把炼金术士放在第八层地狱。1317 年,教皇约翰二十二世发布教令，禁止一切炼金术。炼金术士逐渐退出时代舞台，而化学家闪亮登场。14—16 世纪开展的文艺复兴运动猛烈地冲击了宗教神学对思想的束缚，不仅促进了文学和艺术的繁荣，也带来了科学的解放。科学家敢于独立思考、大胆讨论学术问题，提出自己的见解。化学家开始把自然现象从日常生产和工厂实践中抽提出来，在独立的实验室中进行研究，希望揭示现象背后的规律，获取知识，更深刻地理解自然界。

科学的发展离不开技术的进步。新型仪器设备的发明使得化学家能够鉴定、分离、提取和使用各种复杂的物质，从而推动化学的发展。16 世纪，德国出现了能够称量 0.1 毫克的天平，用于金属冶炼领域。1650 年，冯·格里克发明了真空泵，使得玻意耳和胡克能够进行空气压力和真空的研究，从而发现了气体体积与压强成反比的“玻意耳-马略特定律”。同时，玻意耳利用空气泵进行了燃烧和呼吸的研究，准确称量金属在空气中加热后的质量变化，提出了空气由三种粒子组成。玻意耳还出版了《怀疑的化学家》一书，批判了亚里士多德的四元素说。他认为元素是某种起始的、单一的物体，是混合物最终分解所要变成的成分。这一观点已经和现代元素概念非常接近。玻意耳被称为近代化学的鼻祖。在玻意耳之后，布莱克

定量研究了二氧化碳，普里斯特利和舍勒等人发现了氧气（图 2），卡文迪许发现了氢气。这些与燃烧过程有关的气体的发现对后续燃烧现象本质的探索起到了重要的推动作用。

图 2　近代化学研究氧气的装置

近代化学史上的另一个重要人物是拉瓦锡，他与道尔顿、贝采利乌斯并称现代化学之父。拉瓦锡出生在一个律师家庭，但是热爱科学研究。他既擅长定量的科学实验方法，又善于理论分析和总结。他通过定量地研究燃烧过程中物质质量和热量的变化，认识到了燃烧过程中氧气的作用，从而打破了传统的燃素说。在拉瓦锡的名著《化学原论》中，还提出了化学反应的质量守恒定律。可以说，拉瓦锡对近代化学的发展厥功至伟。遗憾的是，在法国大革命中，拉瓦锡被以不实的罪名处死。数学家拉格朗日慨叹道："砍下他的头只是一瞬间的事儿，可生出同样的头恐怕100年也不够啊！"

18—19世纪，分析技术取得了明显进步，以质量分析为基础的"定比例法则"得到化学家的默认。英国化学家提出化学原子论，将拉瓦锡的元素与原子相联系，为定比例法则提供了牢固依据。道尔顿认为：物质由原子构成，原子不可分；原子在化学反应中不被破坏；原子的数目只有元素那么多；原子具有相对原子质量。盖-吕萨克和阿伏伽德罗丰富了原子理论。贝采利乌斯用精湛的实验技巧测定了很多元素的相对原子质量。坎尼扎罗区分了原子和分子，结束了相对原子质量测定中的混乱问题，为后来门捷列夫等人发现元素周期律做了铺垫。在这一时期，各种新理论和研究方法如雨后春笋般涌现，如伏特电池和电解技术、碳的四面体学说与立体化学、苯环与芳香化合物的结构、分光光谱等仪器分析法、配位化学理论、稀土和稀有气体的发现、溶液热力学理论、热力学基本定理、胶体与界面化学等。此时，近代化学已经全面进入了定量研究阶段，开始大踏步前进。

19世纪，化学备受欢迎。大学的化学教育在德国起步，培养了一大批重要的化学家和技术人员，如李比希、

凯库勒、维勒、本生、基尔霍夫等。化学工业也得到了快速发展。基础化工原料(如硫酸、碳酸钾、碳酸钠、氯气等)实现了大规模工业化生产。产品价格大幅下降。制碱、肥料、染料、制药、炸药、肥皂、玻璃、金属与合金等产业兴盛,物资大大丰富,强有力地推动了文明前进的车轮。

在这些产品的生产过程中,也存在着隐患。处于资本主义大发展阶段的人们还没有环保意识,将一些气态污染物排放到空气中,形成酸雨,硫酸钾等固体废渣处理也成为问题。这为后来伦敦烟雾事件等问题的出现埋下了伏笔。

➡➡现代化学研究体系

近代化学的发展奠定了化学学科的基本框架,近代化学提出的很多理论至今仍在教材中沿用。现代化学实验体系和使用的玻璃仪器,也与19世纪的方法和设备有很多相似之处。19世纪之前的化学更多着眼于现象的研究,致力于基本元素的发现和探索。进入20世纪,随着物理学(尤其是量子力学)的发展,以及X射线衍射和能谱学等技术的出现,现代化学的发展进入了新的阶段。如果说近代化学是以建立原子概念为中心发展起来的,那么现代化学则更多基于核外电子的行为来解释化学现象。现代化学在研究手段和领域方面呈现出两个特征：一是量子力学理论和前沿表征手段成为化学研究的普遍工具，人们更加关心物质的精细结构和化学反应过程的真实机理；二是化学广泛地与其他学科交叉，为生物、环境、材料、能源、电子等学科的发展提供了有力支撑。

19 世纪末 20 世纪初，随着 X 射线的发现以及量子力学理论的建立，化学家重新认识了原子的结构，对原子核外电子的运动规律以及化学键的形成理论进行了新的描述。化学从庞大而未成形的经验知识堆积向有组织的科学发展，化学和物理的联系越发紧密。化学不再是依赖经验总结的实验科学，而是向着理论性的、精致的科学发展。这一发展倾向进一步影响了生物学研究。

在无机化学领域，随着 118 号元素被人工合成，元素周期表第六周期已被填满，无机化学家的兴趣从寻找新元素转向合成各类具有特殊微观结构和理化性质的新物质。X 射线衍射技术的广泛应用极大地推动了这一领域的发展。

在物理化学领域，吉布斯、亥姆霍兹、能斯特、范托夫等人建立了完整的化学热力学理论体系。路易斯、鲍林、

海特勒、伦敦等人相继提出了化学键理论和原子价键能量计算方法。X射线光电子能谱、同步辐射等表界面化学研究技术的应用，使人们对催化剂的作用机理有了更清楚的认识。超级计算机计算速度的提升，使得以前无法实现的海量计算成为可能，量子计算化学可以更准确地预测物质结构和反应路径。

在有机化学领域，分子的合成已经变成一门优美的艺术，化学家几乎实现了各种复杂分子的全合成。例如，哈佛大学岸义人教授课题组于1994年合成了海葵毒素分子——具有64个手性中心和7个骨架内双键。海葵毒素分子可能具有异构体的数量接近阿伏伽德罗常数，这表示有机合成的技术达到了非凡的高度。

在分析化学领域，仪器分析逐步替代传统的化学分析，成为物质检测的主要手段。分子光谱仪、原子光谱仪、色谱仪、质谱仪、电化学工作站等仪器不断刷新物质检出极限。单分子荧光技术可以检测到浓度低至1×10^{-15}摩尔每升的物质，为疾病的早期诊断提供了有力依据。各类可穿戴传感器能够实时收集、分析人体的运动生理信号，为人们的健康保驾护航。

20世纪化学的另一个重大进展是建立了高分子化学

科学和工业体系。齐格勒-纳塔催化剂使人们能够将聚乙烯和聚丙烯变成实用的新材料，应用于管道、容器、食品包装等。白川英树、麦克德尔米德、黑格等人发现的导电高分子则为柔性电子器件的设计提供了物质支撑。

化学工业体系的发展也催生了化学工程与技术这一学科。尽管化学与化学工程这两个学科具有很多相通之处，但是二者的学科基础具有明显的区别。化学属于基础理学学科，研究的对象主要是物质（具有新型结构和功能的物质）的设计、合成、转化和利用。化学家关心的是化学键和原子核外电子的变化以及对物质结构和性能的影响。化学工程属于工程学科，研究对象则偏重于过程工程。传统化学工程学科的核心是“三传一反”，即质量传递、动量传递、热量传递和反应工程。研究这些过程需要大量的流体力学、工程热物理、机械加工等知识。化学工程研究涉及石油冶炼、煤炭加工、食品工业等生产过程中的化学和物理过程，探索其中的原理和规律并开发相关的生产工艺流程和设备装置。总体来看，化学更偏重于物质世界底层的、基础的研究，而化学工程则偏重于顶层的、宏观尺度的问题。目前二者在介尺度（介于单元尺度和系统尺度之间的尺度）上存在大量的交叉和重合，呈现出理工融合的新趋势。

在化学产业领域，两次世界大战极大地刺激了化学品的生产，很多军用技术和产品逐渐转为民用。尼龙、特氟龙、芳纶、合成橡胶、聚氨酯、光学树脂、彩色液晶、青霉素、阿司匹林等之前昂贵的化学品已经走入寻常百姓家。得益于化学技术的进步，人类的寿命和生活质量得到了显著提高。如今，肼、硼烷等高能火箭燃料正在帮助我们走出地球，去探索更加广阔的宇宙空间。

▶▶化学研究的基础——原子、分子、能量与熵

很多人被化学吸引是因为化合物与反应过程具有美丽多变的颜色和千奇百怪的形态，而要真正了解化学，就必须知道其中重要的基本概念。在本部分中，我们将介绍原子的基本特征，它们如何连接起来形成分子，而分子又怎样形成更大尺度的聚集体。在这一过程中，能量与熵的驱动至关重要，没有它们的变化，反应也无从发生。当仔细探索化学与其他学科融合而产生的交叉领域时，我们会发现，需要解决的问题仍然围绕着原子、分子、能量与熵这些基本概念。

➡➡代表元素特性的原子

提起元素，人们的脑海中或许就会浮现出门捷列夫

提出的元素周期表。元素周期表在化学中具有非常重要的地位，在化学学习中随处可见，例如，实验室、教室、基础化学课本的最后一页等。元素周期表蕴含的最重要信息就是元素周期律，了解了元素周期律，元素之间性质的关系自然就烂熟于胸。从外观来看，人们很难将不同元素联系到一起。比如，在常温下，氧气为无色气体，硫黄为淡黄色固体，活性炭为黑色粉末，而铅为沉重的银白色金属。但是在元素周期表中，氧和硫、碳和铅分别属于同一族，因而有着相似的化学性质。是什么使得这些外观差异巨大的元素在化学反应中表现出紧密联系和相似性呢？这一切都源于组成这些元素的原子所具有的结构特性。

原子的基本结构由位于中心的原子核和绕核分布的电子云构成。卢瑟福于 1911 年首先提出了原子模型。他认为原子核带正电，电子带负电，电子被原子核所吸引。原子很小，一百万个碳原子首尾相连排成一列，也没有这本书中的一个字长。原子核更小，如果把一个原子放大到足球场那么大，原子核只相当于球场中心的一只苍蝇。原子核由带正电的质子和不带电的中子组成，它们紧密地结合在一起，需要巨大的能量输入才可将原子核打开。在绝大多数化学反应中，能量变化不会对原子

核有任何影响。原子核内的质子数量决定了原子的化学属性，也就是该原子被定义为何种元素。例如，氢原子核有一个质子，碳原子核有六个质子。原子核中的质子数被称为元素的原子序数，元素按照原子序数排列于元素周期表中。鉴于原子核的稳定性，我们就可以理解化学反应中的质量守恒定律。单纯的化学反应不会引起元素种类的变化，这也解释了为什么炼金术士永远也不能通过化学反应将铅变为黄金。因为这涉及元素种类的变化，需要核爆炸或者核反应堆提供的巨大能量才能实现稳定原子核的大量重组。尽管中子不影响元素种类，但是它们也不是毫无作用的。原子核中具有相同质子数、不同中子数的原子称为同位素。比如，氢就有氕、氘、氚三种同位素，其原子核内中子数分别为 0、1、2。同位素的化学性质相似，而物理性质有所不同。

原子核内的质子所带的正电荷数决定了原子的核外电子数量。对于电中性的原子，带负电荷的电子数应等于核内正电荷数，也就等于元素的原子序数。例如，磷原子核外有 15 个电子，其原子序数为 15。电子的质量很轻，只相当于质子质量的两千分之一，所以电子不影响原子的质量，但是几乎决定了元素的所有化学性质。因此，化学家对原子核兴趣寥寥，他们的注意力集中于核外电子，尤其是位于原子外层轨道的电子。原子核外的电子云虽然称为“云”，但是不同的电子并非随意分布。根据量子力学理论，电子在原子核外的运动状态需要用一种叫作“波函数”的数学方程来描述。在发现波函数的过程中，德布罗意、薛定谔、海森堡这些科学家做出了重要贡献。波函数可以告诉人们电子在原子核外空间中某点出现的概率大小及能量高低。我们也称这些波函数为轨道能级，但是它们不是真实存在的运动轨道，只是为了表述方便虚拟的。对于具有多个核外电子的原子，其不同电子分布在不同的轨道能级上。位于低能级上的电子，出现在距离原子核较近区域的概率大一些；位于高能级上的电子，则更可能出现在距离原子核较远的位置。可以把这些能级想象成洋葱一样的层层结构，虽然这并不准确，但是可以帮助我们理解和记忆。在距离原子核最近的轨道能级上，可以分布 2 个电子，下一个较远的能级上则能分布8 个电子，再远一些的能级上可以分布 18 个电子。随着元素原子序数的增加，电子分布以此类推，由内向外依次排布。例如，氢原子的电子分布在最里面的能级上；而碳原子有 6 个电子，2 个分布于最内层能级，4 个分布于次内层能级。而当一个能级上的所有轨道都被电子占据时，原子就处于稳定状态，很难发生化学反应。

除了稀有气体外，原子的最外层能级都没有被填满，这时，元素就容易得到或者失去电子，从而形成最外层能级都被电子填满的稳定结构，这也正是元素化学反应活性的来源。有些元素（如 N、O、F）容易得到电子，而有些元素（如 H、Na、Al）容易失去电子。通过不同原子之间电子的共享和转移，原子就可以“手拉手”，形成分子等更大的物质体系。

➡➡构筑分子的大厦

尽管原子是体现元素化学性质的基本单元，但是在化学研究中，仅与原子相关的原理和概念并不多，化学家更关心的是围绕分子和化合物产生的问题。化学的最大魅力就是能够近乎无穷尽地创造各种各样的新物质。截至 2019 年 5 月，美国化学文摘注册的化合物数量已经超过了 1.52 亿个，并且还在以每年 1 000 万个的速度增长！其中第 1.5 亿个化合物为默克公司专利中披露的 2-氨基嘧啶甲腈衍生物，有望成为癌症和免疫疾病的治疗药物。为什么不同的原子结合起来会形成独特的化合物？例如，水、氯化钠、甲醇和脱氧核糖核酸（DNA）。为什么相同类型的原子连接起来形成的化合物性质会迥然不同？例如，乙醇和甲醚、戊烯和环丁烷、金刚石和石墨。为什么全宇宙的原子不会结合在一起形成一个超大的固体？

这些问题既让人着迷又充满挑战性。

前文我们指出，当原子的外层轨道能级处于全部充满的状态时，原子的能量比较稳定。原子可以通过不同的途径实现这一过程。当原子最外层电子较少时，它们可以通过失去最外层电子达到这一目的，例如，元素周期表左侧的元素（H、Li、Na等）。反之，对于位于元素周期表右侧、最外层电子较多的元素（F、Cl、Br等），可以通过得到电子来实现这一稳定的电子排布。因此，一些原子就可以分享其他原子的最外层电子，双方都形成了稳定的电子排布结构。从能量最低的角度来说，这对双方都是有利的。原子是电中性的，当原子得到或失去电子后会变成离子。离子的英文“ion”源自希腊语，是“离开”的意思。原子获得电子，带负电荷，变成了阴离子，英文为“anion”。失去电子的原子变为带正电荷的阳离子，英文为“cation”。其中“an”和“cat”源自希腊语，是“上”和“下”的意思。这刚好表示电场中电子冲着原子来去的运动方向不同。阴、阳离子间的静电相互吸引是自然界的基本规律之一。通过这一吸引力，带有相反电荷的离子就可以聚集在一起形成化合物。常见的食盐（氯化钠）就是典型的例子。钠位于元素周期表左侧，最外层只有1个电子，容易失去电子形成阳离子（Na^{+}）。氯位于元素周期

表右侧，最外层有7个电子，容易得到1个电子形成具有稳定结构的阴离子（Cl^-）。这样，二者就容易发生电子得失的化学反应，生成离子型化合物。我们已经知道，原子非常小，一小颗化合物的固体中都含有大量的物质微粒，其数量很可能会超过目前宇宙中可见的行星个数，颇有英国诗人威廉·布莱克诗中"一沙一世界，一花一天堂，双手握无限，刹那是永恒"的感觉。

至此，我们就能够理解为什么世界上从不同地方开采或从海水里提取的氯化钠，其物质结构都是一样的，化学式都是 NaCl。因为钠离子和氯离子各带一个正电荷和一个负电荷，二者只能以1∶1的形式结合，才能保持化合物的电中性，所以 Na_2Cl_3 或者 Na_6Cl_7 这些物质不可能存在。在化学中，将原子间的结合力称为化学键，把通过离子间静电作用形成的结合力称为离子键。通过离子键形成的物质通常硬而脆，熔、沸点高。地壳中的花岗岩和石英岩就是由离子键形成的化合物构成的。

我们身上的软组织、肌肉、皮肤以及覆盖在岩石上的植物，显然具有与坚硬物质不同的特性。尽管其中也可能有离子，但是它们并不能形成这些物质柔软的结构。在这些物质中，与原子实现外层轨道能级被电子填满的方式有所不同。它们没有得失电子变成离子，而是通过共同分享双方的电子，建立电子的共用区域，实现原子外层电子云的全充满。这种原子间的相互作用称为共价键，英文为"covalent bonding"。其中，"co"表示合作；"valent"衍生于拉丁语，表示强度。以水分子为例，氧原子外层有6个电子，氢原子外层有1个电子。每个氢原子共享给氧原子1个电子，氧原子就能达到最外层电子云充满的稳定结构。而氢原子从氧原子那里也共享到1个电子，它的电子占据最内层轨道能级，充满2个电子时，就达到稳定状态。因此，水的分子式写作H_2O。每个氧原子与两个氢原子通过电子共享形成的共价键结合成水分子。类似的，氮原子需要3个电子达到稳定结构，那么它与氢原子形成的氨气分子式就为NH_3。

我们需要注意离子键与共价键的巨大不同。离子键会形成大量离子聚集产生的化合物，其化学式只代表不同离子键的数量比，并不是真实数量。而共价键多数情况下只形成单个分子（一些共价键形成的固态物质有所不同，如硅、二氧化硅、金刚石等）。分子式中的计量数反映了分子中的真实原子数。除稀有气体外，室温下常见的气态分子都是由共价键结合生成的，如O_2、CO_2、N_2、Cl_2等。当然，共价键也可以形成固体。所以，常温下所有离子型无机化合物都是固体，但固体不一定都是离子

型化合物。例如，葡萄糖是白色、有甜味的结晶固体，但它是由共价键构成的分子。至于共价键的形成机制，不能用简单的离子间静电吸引这种规律来解释，它涉及电子自旋等专业的量子力学问题，大家可以在大学的化学课程学习中了解和掌握。

除了上面介绍的两种化学键外，还存在第三种化学键，我们称之为金属键。金属键主要存在于金属单质（如铁、铜、金、银等）中。一大块金属由众多相同原子结合形成，它们之间显然不能形成静电吸引。如果所有原子都以共价键连接，那么金属将形成一个坚硬的固体。但是金属具有极好的延展性，而且还具有光泽和导电性。金属键理论认为，大部分金属元素都位于元素周期表左侧，最外层电子较少，容易失去，发生移动。那么，这些电子就可以脱离母体原子，聚集在一起，形成电子的海洋，在整块金属中流动，覆盖在剩余的原子上。这样，原子就被电子形成的海水结合在一起，形成固体。同时，电子海洋具有流动性和变形性，这也就解释了金属能够导电和具有塑性。

至此，我们了解了三种最基本的化学键。这些化学键作为“钢筋水泥”，可以将原子这些“砖瓦石块”搭建成美轮美奂的“分子大厦”，并赋予其不同的功能。自然界中还存在一些非化学键的较弱相互作用力，如范德华力、疏水相互作用等。这些力可以将分子作为结构单元，组装成超越分子的聚集体，例如，人类的细胞、肥皂泡、DNA等。研究这些作用力和聚集体的化学称为超分子化学，超分子化学的研究者已经获得两次诺贝尔化学奖(1987年和2016年)。无论是“分子大厦”还是“超分子大楼”，都不能凭空产生，一切化学过程都需要能量的驱动。

➡➡掌控化学反应的能量与熵变

在自然界中，水总是自发地从高处流到低处；铁钉放在潮湿的空气中会逐渐生锈；金属钠放到水里会发光，发热，剧烈反应。这些过程不需要人为干预就能自行发生。空气中的氧气和氮气大量混合在一起，在常温常压下几乎不反应，但是在雷电大作的时候，却能生成氮氧化物。那么，化学反应能自发进行的条件到底是什么？驱动力来自哪里？同时，煤炭、石油这些物质燃烧时会释放大量能量，食物在人体内水解时也能够给人提供动力。化学反应释放的能量大小也是化学家关心的问题，太大了可能发生剧烈爆炸，太小了又不能提供足够的驱动力。以上这些问题是化学中除了元素化合物外另外一个重要的研究领域，我们称之为化学热力学。

在化学热力学中，能量的类型和多少很重要，直接关系到反应的发生和进行情况。热力学三定律是化学热力学的重要基石。热力学第一定律阐述的就是能量守恒和转化问题，即能量不能凭空消失和生成，只能从一个物体转移到另一个物体，或者从一种状态转化为另一种状态。例如，汽车发动机气缸中炽热高压的气体膨胀做功，推动车轮运动，而自身冷却，压力降低；碳酸钙吸热分解为氧化钙和二氧化碳，都是能量在不同形式间的转化。

热力学第二定律阐述的是自然界中自发过程的能量耗散问题，我们经常用物理量"熵"来描述。熵表示一个系统所具有的状态的多样性（有人称其为"混乱度"）。例如，书店里某个书架上的书排列得很整齐，相同名称的书都放在一起，我们就称其具有的多样性较小，也就是体系的熵较小。如果把书杂乱无章地放在一起，就会有很多种摆放方式，那么这个体系的熵就较大。在自然界中，不可逆的反应过程总是朝向熵增大的方向进行。著名物理学家玻耳兹曼从统计学的角度给出了熵和多样性之间的定量关系公式：$S=k\ln\Omega$。其中，S 表示熵，k 表示玻耳兹曼常量，Ω 表示系统状态具有的多样性。这是一个伟大的发现。遗憾的是，由于玻耳兹曼的一些观点与当时学术界的主流观点相违背，因而长期得不到权威的认同，直至他去世后，其理论才受到重视，成为当前热力学研究的重要内容。

热力学第三定律也与热力学第二定律中的熵有关系，它由能斯特和普朗克等人提出并完善，即“所有完美晶体在绝对零度时熵为零”。因为在绝对零度这一低温下，原子都停止了振动，而完美晶体又不存在缺陷，因此其内部微粒都被冻结在自己的位置上，整个系统只存在一种状态。此时根据玻耳兹曼提出的公式，熵就等于零。

在化学热力学的发展过程中，化学家始终在寻找能够判定化学反应自发进行方向的判据。按照当时的思维习惯，化学键的生成或交换，都要释放能量，因此人们认为，能放出热量的反应就能自发进行，比如酸碱中和反应，就会放出大量的热。但是人们很快就发现这是个错误的判断，不少吸热的化学过程也能自发进行，比如将氯化铵溶于水，就会发生强烈的吸热反应。而后人们又猜测，如果一个化学反应的产物的分子数增多，那么系统的多样性就会增大，这时就能自发进行。这似乎符合热力学第二定律，但是这个判断很快也被否定了。因为碳酸钙分解成氧化钙和二氧化碳的反应，分子数明显增加了，而且增加的是可以随意移动的气体分子，但是常温下碳酸钙很稳定。大理石的主要成分就是碳酸钙，它历经千百年都能稳定存在，不会分解，可

以作为建筑材料。所以单纯利用熵的变化来判断反应自发进行的方向也不正确。

究竟什么样的反应才能够自发进行呢？让我们再来思考一下氯化铵溶解于水的过程。虽然这个反应要吸收大量的热，但是氯化铵会在水中电离出铵根离子和氯离子，这样整个溶液中微粒状态的多样性就极大地增加了，也就是它的熵增大了。热量向四周散发会增加周围环境的熵；反之，热量的吸收会减少周围环境的熵。如果通盘考虑氯化铵水溶液及其周围环境的熵的变化，我们会发现，总的熵还是增加了，那么按照热力学第二定律，这个不可逆反应就会自发进行。因此，人们发现，要判断一个反应自发进行的方向，需要同时考虑反应放出的热、反应温度和反应体系熵的变化。化学家吉布斯通过数学推导将这三个因素综合在一个叫作吉布斯自由能的物理量中。至此，人们通过判断化学反应的吉布斯自由能变化，便可知道反应能否自发进行。吉布斯自由能减小的反应，会依照反应方程从左到右正向自发进行。

在经典热力学中，很多理论概念的推导都是假设化学反应处于平衡、可逆的状态。但有趣的是，自然界中很多现象都是处于非平衡状态的，小到人体，大到宇宙，甚至人类社会的很多发展行为，都表现出明显的非平衡、不可逆的特征。基于这些现象，物理化学家普里高津发展了非平衡热力学理论，特别是在解释耗散结构理论上取得了很大突破，因此获得了1977年诺贝尔化学奖。

▶▶化学科学的主干——化学反应与实验分析技术

化学的任务是寻找和创造新物质，物质间发生的反应过程是化学永恒的主题。我们已经知道了影响反应发生的基本因素，那么进一步探索反应本身的特性，就被提到了化学家的日程上。当普通大众被问及化学反应是什么样的时候，他想到的可能更多的是燃烧发光、砰的一声响以及颜色的变化。对热爱自然和科学的小孩儿来说，肉眼可见的丰富变化总是一件令人神往的事儿。但是化学绝不是简单的游戏。化工厂的石油变成能用来做水管的聚乙烯，植物中的水和二氧化碳变成能被食用的淀粉，药物进入身体可以杀灭病菌，甚至餐桌上香气扑鼻的红烧肉，都蕴含着化学反应。尽管化学反应的场所、形态、条件各不相同，但是在化学家眼里，在原子尺度下只存在四类基础化学反应。

➡➡四类基础化学反应

与物理学家相比，化学家更早和质子打交道，只是那

个时候他们还不知道这是组成物质的重要微粒之一。质子可以通过氢原子失去一个电子形成。质子很小、很轻，带的电荷也很少，因此很容易被其他分子的电子云俘获，从而离开原来的分子，和附近别的分子结合在一起。质子从一个分子转移到另一个分子，就形成了第一类基础化学反应——酸碱反应。早期化学家对酸的本质缺乏具体认识，在他们的认识中，酸就是尝起来有酸味的东西。直到 1923 年，英国化学家劳里和丹麦化学家布朗斯特指出，酸是含有氢原子并且能向其他分子或离子释放出质子的物质。并不是所有含有氢原子的分子都能释放出质子。当分子中还有某些特别的原子，能够强烈地吸引附近氢原子的电子云，使得这个氢原子像一个暴露在外的质子时，它就容易被释放出去。我们日常吃的陈醋中的醋酸就是这样一种分子，其他常见的酸有盐酸、硫酸、硝酸、柠檬酸等。尽管酸分子的质子容易被释放，但是也需要有外力的帮助才能更容易进行。这时候我们就需要质子的接受体——碱，这可能与我们在中学课本中学的不同。在化学科学中，一切能够接受质子的分子或者离子，我们都称它为碱，所以酸碱反应远超出我们熟悉的范畴。氢氧化钠和盐酸发生中和反应，属于酸碱反应。氢氧化钠中的氢氧根夺取了丙酮中的氢原子，也属于酸碱反应。

碱也不局限于含有氢氧根的物质，而可以是各种能够接受质子的物质，比如醋酸根、氨气、硫酸根、碳酸钠，甚至水分子。

在酸碱反应中，质子离开了“母体”，投奔到另一个“阵营”中，但是它原有的电子并没有被带走。当一个反应进行时，如果电子从一个分子转移到另一个分子，就形成了第二类基础化学反应——氧化还原反应。电子虽然微小，但是它的转移过程是很多重要工业的基础，例如，钢铁冶炼和石油加工。电子转移也是金属生锈的原因。氧化反应看起来好像是氧气和其他物质反应，但事实上描述的是分子失去电子的过程。氧原子外层有 6 个电子，容易得到 2 个电子变成最外层电子云全充满的状态，因此氧气是很强的氧化剂。它擅于从其他物质中夺取电子，自身形成氧负离子。我们习惯于把某个原子失去电子、化合价升高的过程叫作氧化过程；反之，某个原子得到电子、化合价降低的过程叫作还原过程。除了氧气外，卤素、过氧化氢、硝酸、浓硫酸这些物质都是氧化剂，它们的共同特点是含有能够夺取电子的原子。除了金属，人体每时每刻也发生着大量的氧化过程，这也是人体中很多细胞受到损伤的原因之一。有氧化剂就必然存在着还原剂，氧化过程与还原过程总是成对发生、形影不离的。

西汉刘安所著的《淮南万毕术》记载“白青得铁，即化为铜”，描述的是单质铁在硫酸铜溶液中置换出单质铜的反应。这种冶炼铜的方法也被称为湿法冶金。在这个过程中，铜离子是氧化剂，单质铁是还原剂。铜离子夺取了单质铁的电子，变成了单质铜，而铁原子变成了铁离子。在日常生活中，经常使用过氧乙酸、次氯酸等氧化剂作为消毒剂，杀灭各种病菌。但是需要注意，很多强氧化剂会和多种物质发生反应，它们也能腐蚀我们的皮肤和衣物等，甚至引发爆炸，所以一定要谨慎使用氧化剂和还原剂。

第三类基础化学反应发生在自由基相遇的时候。自由基是指带有奇数个电子的分子。在分子中，化学键都是由成对电子形成的，因此一个正常分子里不可能出现奇数个电子。当一对电子形成的化学键断裂，两个电子被两个分子碎片平分时，就形成了两个自由基。每个自由基都带有奇数个未成对的电子，写作 R· 或 ·R。“·”代表未成对的电子。大多数自由基非常活泼，容易发生化学反应。两个自由基中的未成对电子很容易结合在一起形成新的化学键，R· + ·R→R—R。火焰中就会发生这类反应，因为燃烧过程的高温会产生大量自由基。自由基在化学工业中也非常重要，自由基引发的分子间聚合反应被广泛用于塑料等聚合物的合成和生产。例如，一个自由基 R·攻击了它旁边的分子 A，形成了新的自由基 RA·，这个自由基又将反应过程向下传递，攻击下一个 A 分子，形成了自由基RAA·，这个反应链不断延长，形成一个非常长的自由基RAAA…A·，或者在上述过程中另一个自由基与这个自由基结合，形成了一个新的链状聚合物大分子。自由基反应中不发生化合价的变化，聚苯乙烯、聚氯乙烯、聚丙烯、聚乙烯都可以通过这种方式生产。在聚乙烯合成过程中，基本结构 A 就是乙烯分子 $CH_2=CH_2$，被称为聚合反应的单体。形成塑料聚合物后，它变成了$—CH_2—CH_2—$结构。当把这里面的四个氢原子都换成氟原子后，就得到了著名的聚合物特氟龙，也叫作聚四氟乙烯。特氟龙性质稳定，耐酸、耐碱、耐高温，被用于不粘锅的涂层，也被用作建筑材料，构建体育场馆。

第四类基础化学反应乍看起来比较普通，但是非常重要。在自由基反应中，两个反应物各提供一个电子，形成化学键。如果这一对电子由一方提供，而另一方接受了这一对电子形成化学键，那么这类反应称为配位反应。美国化学家路易斯称能接受电子对的物质为路易斯酸，能给出电子对的物质为路易斯碱，因此这类反应也被叫作路易斯酸碱反应。配位反应同样不涉及元素化合价的

变化。很多金属元素的离子，例如，Fe^{3+}、Co^{2+}、Ni^{2+}、Cu^{2+}等，最外层电子云远未达到充满状态，通过配位反应，它们可以和NH_3、H_2O、Cl^-等能提供电子对的分子或离子共享电子，使最外层电子云达到全充满的稳定状态。它们能够接受的电子对数量则取决于最外层电子云的填充情况，缺的电子越多，可接受的电子对越多。这些提供电子对的路易斯碱称为配体，配体与金属离子结合生成的化合物称为配合物。配位反应对人体非常重要。我们血液中的血红蛋白能够携带氧气就是因为血红素的中心是铁离子，可以和氧气发生配位反应，从而携带氧气在血液中传输。当我们吸入一氧化碳时，其与血红素的配位能力大于氧分子，这时血红素就只携带一氧化碳而不携带氧气，人体就会发生煤气中毒。还有一些常用的抗癌药，例如顺铂，就是金属铂离子的配合物。

➡➡改变反应速率的催化剂

尽管人们知道了反应能够自发进行的原因，并对不同的反应进行分类，但仍然有很多实验现象困扰着化学家。例如，燃料电池中氢气和氧气在常温下就能反应，转化成水，同时提供电能，驱动汽车运行，因此氢燃料电池汽车是目前新能源交通领域的重要研究方向。如果只是简单地把氢气和氧气混合在一起，在常温下存放几十年也观察不到明显的反应进行。为什么同一个反应在不同的体系里反应速度差别这么大？如果一个合成药物的反应要几十年才能进行完，显然病人无法接受这种漫长的等待。因此，寻找能够加快反应进行的方法成为另一个重要领域的研究内容，称为化学动力学。

在化学动力学研究中，最重要的一种物质就是催化剂。催化剂这个词人们非常熟悉，它不仅被用于化学文献中，也被广泛地应用于各类文学艺术场合，比喻能够加快事物发展速率的事物或事件。在化学中，催化剂是一种可以与反应物结合，通过改变反应途径而提高反应速率的物质。在这一过程中，反应总的吉布斯自由能变化不受影响。也就是说，催化剂只能使得那些能够自发进行的反应加快进行，而被热力学定律“宣判死刑”的非自发反应，使用任何催化剂也不能使其自发进行。从能量变化的角度来看，两个分子发生化学反应首先需要越过一个能量势垒，犹如翻越山峰。能量低、不活跃的分子，难以发生反应。而催化剂的作用，就是帮助反应物分子降低能量山峰的高度，使得更多的分子不需要那么活泼就能“翻过山”，发生反应。在反应过程中，催化剂原则上并不会被消耗，它先与反应物结合，然后又被释放出来。需要注意，从催化剂诞生的那天起，其目的就是加快反应

速率。因此，在某些图书和网络百科全书中，催化剂被定义为既能提高又能降低反应速率的物质是不准确的。国际纯粹与应用化学联合会（IUPAC）明确指出，不能使用催化剂这样的词来描述那些加入后使反应速率降低的物质。这些物质应被称为抑制剂，其作用原理与催化剂并不相同。

催化剂的发现过程很有趣。著名化学家贝采利乌斯在实验室做实验，忘记了晚上家里还要举行宴会，宴请亲朋好友。直到妻子玛丽亚将他从实验室拉出来，他才记起这事儿，顾不得洗手就赶回了家。宴会上，宾客举杯向他祝贺，他将第一杯蜜桃酒喝完，斟满第二杯时，发现酒变酸了，有醋的味道，而别人酒杯中的酒却很正常。贝采利乌斯发现，原来酒杯中有一些黑色粉末，是他做实验时手上沾的铂黑（白金粉末）。正是这些白金粉末使酒中的乙醇被空气中的氧气氧化成乙酸，从而产生了酸味。通常通过发酵的方式，需要很长时间才能将乙醇转化成乙酸，而在白金催化剂的作用下，这个过程几分钟就完成了。这也正显示了催化剂的神奇之处。

在现代工业中，催化剂被广泛用于化学品生产。例如：石油化工行业使用的分子筛，钌、铑、钯等贵金属；合成手性药物分子使用的奎宁、脯氨酸；合成聚丙烯使用的氯化铝；生产糊精和麦芽糖使用的淀粉水解酶，都是催化剂。尤其是生物酶催化剂，能够在常温常压下加快反应的进行，得到很多具有特殊生理活性的宝贵药物，因此具有重要意义。与此相关的新兴学科——合成生物学也日益受到研究者的重视。

➡➡探索化学本质的“火眼金睛”

要想完成物质鉴别、检测反应类型这些工作，仅靠化学家的双眼和双手显然不够。即便是在 18 世纪的炼金术中，炼金术士也需要依靠天平、量筒这些仪器来准确量取物质。在现代化学中，人们对先进实验仪器的依赖更是达到了前所未有的高度。这些仪器使科学家获得了“火眼金睛”，让他们能够认清物质的真实结构与化学反应中的细微变化，从而为深入研究各种化学现象背后蕴含的科学原理提供了有力武器。

人们最早需要鉴别的是不同的元素成分。在中世纪由于缺乏科学的分析方法，炼金术士的记录里存在大量对元素的错误定义和认识。而后，化学家通过不同元素所特有的反应来确定它们的类型。例如，银离子可以发生银镜反应，铁离子遇到异硫氰根会变成血红色等。但是这些通过视觉观察的过程容易产生误差，而且难以定

量确定元素的含量。科学家发现了原子发射和吸收现象，其本质就是大家在中学化学课中学过的焰色反应。金属元素在高温火焰中燃烧时会产生不同的颜色，这与元素原子的外层电子在火焰中的能量变化有关。1859年，化学家基尔霍夫和本生设计了用于分析光的分光镜，并建立了原子光谱分析法。原子光谱分析法主要用于测定无机金属元素。自原子光谱分析法产生时起，已发现了近二十种新元素。原子光谱分析法可以检测七十多种元素，并且能同时测定它们的种类和含量，检测浓度低至1×10^{-12}克每毫升。检测过程也较为简单，只需要将含有待测元素的溶液喷入仪器的高温火焰中即可。近年来，随着科学仪器的国产化进程加快，原子光谱仪的价格大幅下降，被广泛应用于水质分析、食品检验、司法鉴定、生理化验等需要对金属元素种类和含量进行分析的场所。

了解了无机物的元素类型，人们还希望知道各种物质结构，尤其是晶体的微观结构。古希腊时，人们就认为物质是由微小的基本单元构成的，具有某种规则的几何结构。X射线衍射技术的出现满足了人们探索物质世界底层结构的好奇心。1895年，伦琴研究阴极射线管时，发现了一种有穿透力的、肉眼看不见的未知射线，称为X射线。1912年，劳厄发现晶体会对照射到其上面的X射线产生衍射现象。根据这一现象，布拉格父子提出了X射线分析法，并制造出第一台X射线衍射仪。布拉格父子也因此获得1915年诺贝尔物理学奖，这也是历史上唯一一次父子同时获得诺贝尔奖，小布拉格当时只有25岁。至今，人们利用X射线衍射仪研究了近百万种晶体结构。借助X射线衍射仪，人们可以快速地区分外观相同而结构不同的物质。例如，硫酸钡和钛酸钡都是白色粉末，但是它们的X射线衍射结果完全不同。同时，X射线衍射技术也帮助我们发现了DNA的双螺旋结构和很多蛋白质结构，这对于认识疾病的发生过程及开发新药物具有重要意义。

对于有机物分子，人们主要借助各种波谱手段对其进行分析。例如，借助紫外-可见光谱仪和红外光谱仪，我们可以知道很多具有吸光性能的分子的浓度，以及它们可能含有的官能团。但是这两种光谱更适用于研究已知物的含量。对于全新的未知分子，分子光谱能给出的信息较为有限。好在科学家提供了一种强有力的研究工具——核磁共振波谱。借助它，我们可以准确地分析有机分子的精确结构。例如，在乙醇分子的氢原子的核磁共振波谱图上，甲基氢给出的信号就与羟基氢的完全不同。利用核磁共振波谱成像技术，医生可以诊断人体内

组织的变化情况，发现血管阻塞、肿瘤生长等问题。在有机物分子中，色谱仪和质谱仪也是两种非常重要的仪器。色谱仪是用来分离混合物的仪器，可以把混合物中的几十种有机分子逐个分开，例如，中药中含有的不同成分。质谱仪是精准测量极微小物体质量的仪器，例如，小分子、高分子、蛋白质、核酸、金属团簇等，也能推测出分子的结构式。核磁共振波谱仪、色谱仪和质谱仪这三种仪器的结合，大大加快了有机化学家合成新分子的速度，为现代药物化学、生物化学、高分子化学的发展做出了巨大贡献。

20 世纪以来，电子科技发展的最直接成果就是电子计算机的快速进步，化学的发展也从中受益。20 年前，计算一个苯环分子的简单性能需要几小时，而现在仅需要几分钟。同时，超级计算机的普及使得理论化学家能够解决复杂体系中的化学问题，例如，美国加州理工学院和劳伦斯伯克利国家实验室的科学家，利用超级计算机对数据库中 60 000 种材料的化学性质进行计算筛选，在两三年内就得到 12 种有效光催化水分解生成氢气的材料，而之前十几年的研究只筛选出 16 种。计算机提供的自动控制能力极大地提高了化学合成设备的自动化和智能化水平。人们已经可以利用自动合成仪合成具有复杂序列结构的多肽、蛋白质和小分子。麻省理工学院等高校也研发出了自动进行化学实验的机器人系统。未来，智能机器化学助手帮助我们进行实验研究也不再是梦想，绿色、安全、无毒害已经是当今化学发展的主流趋势。

▶▶化学的分支——次级学科的演化

在上文中，我们对化学的发生、发展和基本内容有了基本了解。其中既有神秘的金丹术，又有显得枯燥的原子、分子结构知识。这些都是化学这门古老科学所必有的部分。正如经过漫长的生物进化，人类的每只手上有五根手指，能够帮助我们握住东西一样，在化学的发展过程中，也演化出很多二级甚至三级分支学科，它们共同协作，推动了化学科学的整体发展。这些学科中任意一门所包含的知识内容，都需要大量文字来阐述。在此，我们简要介绍一些主要的二级学科，以帮助大家了解化学目前的学科领域。

➡➡从元素中诞生的无机化学

从金丹术时代开始，元素就是化学家的核心研究对象，人们期望着从铅、汞、硫黄中得到黄金和灵丹妙药。无机化学正是从这里产生的。无机化学研究元素、无机化合物和金属有机化合物的合成方法及化学性质。门捷

列夫、维尔纳、科顿等人都是重要的无机化学家。无机化学的研究领域与有机化学的研究领域有一定的交叉,主要涉及那些以配位键结合而成的金属有机化合物。这些化合物的中心多为金属中心原子或离子,而配体则为各类有机分子。工业无机化学则主要研究硫酸、纯碱、氧化镁、氯气等重要无机化学品的生产。目前,无机化学重要的研究方向包括各类纳米材料、光学晶体、能源材料、配合物以及生物无机分子的合成和性质。由于研究对象的相似性,无机化学近年来与材料科学、能源科学以及以半导体为基础的电子科学结合紧密,产生了高熵合金、锂电池电极、钙钛矿太阳能电池、压电陶瓷等众多优秀的交叉研究成果。

➡➡从复杂分子中产生的有机化学

有机化学是化学中研究有机物结构、性质与反应的分支。一般认为有机物含有碳原子参与形成的共价键,但二氧化碳、一氧化碳等简单的含碳分子并不是有机物。有机化学的产生经历了很多波折,这是因为有机物的分析比无机物困难得多。19 世纪初,德国化学家维勒第一次用无机物人工合成了尿素,打破了有机物只能从生物体提取的传统观点,成为有机合成化学的创始人。有机合成化学从此快速发展。1845 年,凯库勒和库珀分别提出碳的 4 价结构,碳原子相互连接形成碳链,这奠定了有机物的基本结构理论。同时,凯库勒提出了苯分子为环状结构的理论,解决了这个长期悬而未决的问题。范托夫提出了碳的四面体理论,奠定了立体化学的基础,并因发现化学动力学和渗透压的某些定律而于 1901 年获得第一个诺贝尔化学奖。有机化学是化学的重要核心,是化学学科艺术性的集中体现。有机合成化学家合成了众多结构复杂的化合物。现代有机合成之父伍德沃德合成了皮质酮、士的宁、利血平、叶绿素等多种复杂有机化合物。科里提出了逆向合成分析法:对想要合成的分子进行合理拆解,反推出起始原料以及关键反应。这一方法为现在人们利用人工智能来设计合成新分子提供了理论基础。

➡➡阐明原理的物理化学

物理化学主要研究化学体系中物质的各类相互作用和变化过程涉及的物理问题和理论机制。它的研究对象包括能量、力、时间、热力学、动力学、量子化学、统计力学、化学平衡等。俄国科学家罗蒙诺索夫最早使用了物理化学这一术语。1887 年,德国科学家奥斯特瓦尔德和荷兰科学家范托夫创办了《物理化学杂志》,阿伦尼乌斯在这一杂志上发表了电离说。翻开物理化学教材,我们经常能看到与这几位化学家的名字相关的公式和研究成

果。物理化学研究经常涉及大量的偏微分方程等的推导过程，这看起来也许有些晦涩和枯燥，但是它关系到化学大厦的根基。只有弄清了反应变化的确切历程和规律，我们才能更好地控制和利用它们。化工厂里众多涉及放热、吸热反应的安全生产，更需要物理化学的知识和数据进行指导，否则就会发生严重的爆炸事故。新型催化剂开发、高效电池设计、自清洁的建筑表面，也是现代物理化学研究的热点领域。近年来，借助飞秒激光、电子能谱等手段，物理化学家能够更好地研究化学反应的机理和路径。例如，2007 年诺贝尔化学奖得主埃特尔对合成氨催化剂上的分子转化过程进行了详细观测，从而解释清楚了氨分子的生成机理。同时，计算化学也是物理化学的重要分支，它在新物质的设计和预测领域发挥着越来越重要的作用。

➡➡精准的仪器分析

我们已经阐述了分离、分析、检测、观测这些手段在化学发展中的重要性，它们往往起着决定性的作用。作为化学家的“眼睛”，分析化学的使命就是得到、处理和利用物质的组成与结构信息。我们之前提及的原子光谱、分子光谱、核磁共振波谱、色谱、质谱等，都围绕着这一目的工作。早期的分析化学主要依靠肉眼观察和天平、气压计、量筒等简单仪器的测量，得益于前辈化学家严谨的研究态度和高超的实验技术，他们积累了大量基础化学数据，并从中总结出了许多重要的化学原理。随着仪器科学的进步和被分析体系的复杂化，现代分析化学已经从化学分析阶段进入仪器分析阶段，同时，化学计量学为处理得到的大量测试数据提供了完备的数学方法。目前，仪器分析方法的特点是微量、小型和在线，很多测试手段都可以达到纳克级的测量精度。可与反应体系高度集成，进行在线测量的小型仪器层出不穷，可以给出化学反应体系的实时信息。同时，化学家还大量借助材料学研究设备，例如，透射电子显微镜、扫描电子显微镜、原子力显微镜、X 射线光电子能谱、同步辐射光源等，来研究含有单个或数个原子体系的结构与性质，为新型材料的合成，尤其是固体催化剂的设计提供了依据。

➡➡创造神奇材料的高分子化学

高分子化学是化学中年轻的分支。在很长一段时间内，化学的主要二级学科只有无机化学、有机化学、物理化学和分析化学。近年来，高分子化学与物理已经成为化学的二级学科之一。我国有 130 多所学校开设了高分子化学专业。

人们很早就了解并利用橡胶、植物纤维、树脂等具有

很大相对分子质量的物质。但是在20世纪初,人们认为有机物的相对分子质量不会超过500,认为高分子化合物是由很多小分子聚集在一起构成的,就像胶体化学中的胶束。改变这一观点的是高分子化学家施陶丁格,他也是高分子化学的创始人。施陶丁格于1917年首次发表观点,认为高分子是以共价键连接形成的巨大的链状分子。这个观点在当时遭到了强烈的反对,因为这与高分子是胶体的看法不同。直到1929年,施陶丁格又从聚甲醛和聚苯乙烯实验中得到了更多证据,他的观点才逐渐被接受。早期的很多高分子化学家(如施陶丁格、齐格勒、纳塔等)和企业界联系紧密,他们将取得的研究成果应用于聚苯乙烯、聚乙烯、聚丙烯的生产。20世纪30年代,高分子合成工业飞速发展,塑料、橡胶、合成纤维等之前存在于想象中的材料相继被开发出来。与传统的棉花、木材、金属相比,高分子材料耐酸碱、耐老化、耐腐蚀、密度小、易于加工,给人们的生活带来了很大变化。芳纶等人造纤维的强度已经超过了钢铁,使防弹衣和头盔的质量大大减小。合成橡胶使汽车既能在冰雪中越野,也能在烈日下的路面上飞奔。聚醚砜酮类耐高温树脂能够替代金属,用在核反应堆和航空轴承中。生物相容性高分子则可以制作药物载体,加工人造器官,为人们的生命与健康提供保障。

改变世界的化学科学与技术

世间最大的快乐，莫过于发现世人从未见过的新物质。

——舍勒

自人类开始使用火，化学就成为推动世界进步的一股巨大动力，我们生产、生活的方方面面都闪现着化学的身影。在这一部分中，我们将从能源、生活与生命健康、先进材料、环境等方面阐述化学的重要作用。

▶▶能源生产中的化学——石油、氢能、阳光与电池

能源是维系人类社会运行和发展的重要基础，物质通过燃烧等物理化学途径将蕴含的内能、势能、化学能等以光、热等形式释放，或转化为电能、化学能等形式传输及储存。能量的高效转化和利用一直是能源发展领域的

核心问题，而认识能量转化过程中的化学反应机制是其转化与利用的关键。本部分将重点讨论生活中重要的能源物质及其背后的化学知识。

➡➡石油——工业的“血液”

现代工业的发展离不开石油，石油不仅是优质的动力燃料来源，更是石油化工产业的重要原料。从石油中提取出的多种有重要价值的物质，广泛应用在合成橡胶、合成纤维、化肥、农药、医药、染料等的生产中。在低碳能源尚无法彻底替代化石能源的现状下，石油在工业生产中的地位仍然无法撼动。

✣✣石油炼制

石油是一种成分复杂的混合物，主要含有烷烃、环烷烃、芳香烃等烃类化合物，含有硫、氮、氧的有机化合物，含有包括金属、卤素在内的多种微量元素。因此，石油必须通过分馏，将各组分分离，得到燃料和化工原料。一般来说，原油首先需要经预处理，分离出伴生天然气、泥沙和部分盐类等。

经过预处理的石油进入分馏过程，利用组分沸点不同实现分离。首先，石油进入初馏塔，通过 220～250 ℃高温使轻质汽油及水分从塔顶蒸出，分离。随后，石油被抽入加热炉进一步加热，并进行常压分馏，分别得到汽油、煤油、柴油组分，以及塔底的重油和渣油。重油中各组分的沸点较高，需要通过减压蒸馏来分离。在减压蒸馏阶段，塔顶可以得到重柴油，侧线则得到不同品质的润滑油、燃料油、石蜡，塔底则得到沥青。石油中分离得到的不同燃油组分可以满足不同的燃烧需求，应用到相应领域。例如：具有较高黏度的燃料油，由于喷油雾化性能良好，多被用于大型低速柴油机；汽油易挥发、易燃的特点使其能够快速燃烧，适用于对提速要求较高的汽车发动机；航空煤油稳定性高，不易挥发，不易积碳，且在涡轮机特殊雾化环境下能够得到较高的燃烧速度，因此被广泛应用于航空发动机。

在现实生活中，对汽油的需求量往往较大，简单的石油分馏得到的汽油产出很难满足需求；而重油分馏得到的润滑油、石蜡等往往产能过剩。重油中的烃类组分在超过 350 ℃时就会出现明显的裂化现象，大分子的烷烃断裂或脱氢形成小分子的烷烃和烯烃。利用这一过程，可以将重油和渣油中相对分子质量较大的烃类分解成相对分子质量较小的烃类，以提高石油中汽油的产量和质量。

✣✣石油化工产品生产

石油化工产品是指将石油炼制过程中的各级油品通过进一步化学加工所制得的化工原料及合成材料。石油裂解是石油化工的重要方法之一。石油裂解就是利用高温，将石油炼制过程中的长链烃断裂成气态烃和少量短链液态烃。石油裂解产生的裂解气是一种组分复杂的混合气体，主要成分为乙烯、丙烯、丁二烯等短链不饱和烃类。相比于石油裂化，裂解反应得到的产物相对分子质量更小，因此裂解可以被认为是更深度的裂化过程。

石油裂解得到的不饱和烃、芳香烃等产物是重要的化学化工产品，作为基本化工原料被广泛应用到化工生产中。其中，乙烯被认为是石油化工的核心产品，占石油化工产品的75%以上，其产量被认为是衡量一个国家石油化工发展水平的重要标志。乙烯是生产聚乙烯、苯乙烯、乙二醇等大宗化学品的原材料，广泛应用于合成塑料、合成橡胶、合成树脂等合成工业。石油裂解的另一个重要产品——丙烯同样可以通过聚合、烃化、氧化、酸化等反应过程得到聚丙烯、乙丙橡胶、丙烯酸、苯酚等重要产品。其中，以聚丙烯为主要原料制得的熔喷布是制造口罩防护层的重要材料。

➡➡氢能——理想的清洁能源

随着人们环保意识的增强，传统的化石能源正在逐步被清洁能源所取代。氢能作为一种理想的清洁能源，成为当前能源领域应用研究的焦点。这主要是由于：一方面，氢气可以像常规化石燃料一样储存、运输，因此氢能的应用几乎不受时间和空间的限制；另一方面，氢气的发热值高，且在燃烧过程中与氧气反应只生成水，不会产生温室气体或其他污染物。因此，氢气的生产、存储和应用过程也是当今化学研究的重要领域之一。（图 3）

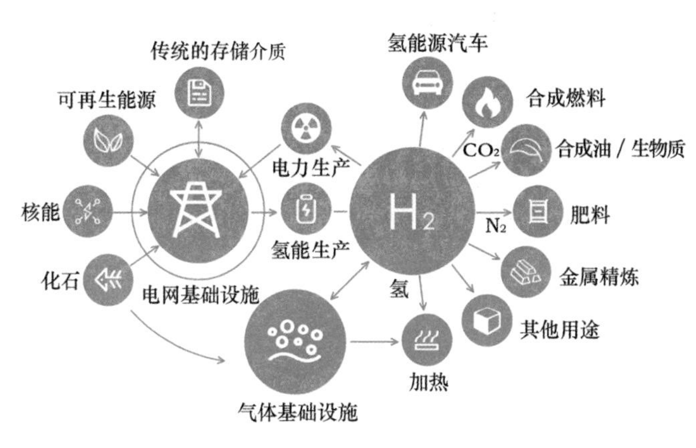

图 3　电解制氢产业及氢能应用

✣✣氢气的生产

氢气属于二次能源，即经过一次能源加工转化得到的能源产品。氢元素在自然界中含量丰富，分布广泛，因此化学家针对不同原料发展了多种制氢方法。目前主要的制氢方法包括石油化工制氢、煤气化制氢、电解水制氢、生物制氢、光化学制氢和热化学制氢等。此外，在石油裂化和裂解过程中产生的氢气副产物，经过分离、提纯也可得到氢气。

石油化工制氢主要是以石油和天然气为原料，将其中的甲烷经过水蒸气重整后得到氢气。其生产成本较低，生产规模易于扩大，是广泛采用的制氢技术。

煤气化制氢是清洁利用煤资源的一种重要方式，煤经过热解、气化，并与通入的湿润氧气或空气等反应，转化为含氢气的混合气体。尽管煤气化制氢的成本同样较低，但与石油化工制氢的方法一样，均存在较高的碳排放。

电解水制氢被认为是极具发展潜力的清洁制氢技术。其基本过程是，将直流电通入电解液，在电极上，水会发生分解，在阴极产生氢气，同时在阳极产生氧气。考虑到电解过程的腐蚀性，电极材料应选用铂、石墨等惰性材料，而实际生产中往往使用镀镍金属或镍合金电极，以降低成本。

除电解水制氢外，生物制氢、光化学制氢和热化学制氢等新技术也在不断发展，但受制氢效率、制氢条件的制约，相关技术尚无法实现大规模产业化应用。

✣✣氢能的应用

美国于 20 世纪 60 年代开始研制液氢发动机，并成功将氢能应用于航天飞机。随着以氢气为能源的动力系统的不断发展和完善，氢能逐渐进入民用交通领域，特别是推动了氢能源汽车的发展。

氢能应用主要以氢内燃机和氢燃料电池两种形式为主。氢内燃机用氢气替代传统化石燃料，通过直接燃烧将化学能转化为机械能。氢燃料电池利用电解水制氢的逆反应过程。氢内燃机的制造成本相对较低，但其热效率较低，在特定条件下能达到的最高热效率也仅为 40%。氢燃料电池则具有更高的能效，但其高昂的成本仍是亟待解决的问题。

氢气的存储和运输是限制氢能应用的一个重要问题。目前使用的储存方式主要有高压储氢和低温液态储氢。氢能源汽车往往采用技术门槛较低的高压储氢，低

温液态储氢主要应用于航空航天等尖端领域。为了提高储氢效率，研究人员也在积极探寻新的储氢方法。例如，利用与氢气能够发生可逆反应的物质实现氢气储存。

➡➡阳光——滋润地球生物的基本能源

太阳能是最原始的能源之一（图 4），地球上的一切化石能源均直接或间接来自太阳能。每天辐照到地球上的太阳能就超过全世界一年的能量需求。尽管太阳能的总能量巨大，但能量密度并不高，且太阳能分布受时间和空间限制严重，能量供应不稳定。然而随着技术的不断进步，太阳能消费的增长十分迅速。

✣✣光电转化

光电转化，即太阳能光伏发电，是目前产业化程度最高的太阳能利用形式。最常见的太阳能电池是晶体硅太阳能电池。我们看到的大型太阳能电池板是由多个太阳能电池片串联组成的。广泛应用于光电转化的材料还包括非晶硅、碲化镉、砷化镓等。此外，研究人员也相继研制出钙钛矿、染料敏化、量子点等基于新型合成功能材料的太阳能电池。尽管目前技术尚不能完全解决这些材料光电转化效率限制和稳定性低的问题，但低成本和高灵活性的优势使其在未来有替代结晶硅太阳能电池的可能。

图 4　地球上太阳能的主要利用形式

✣✣光化学转化

我们最为熟知的光化学转化过程就是光合作用。光合作用的总反应是在太阳光能的作用下将二氧化碳和水转化为碳水化合物和氧气,其具体反应过程比较复杂。

为了模拟大自然高效利用太阳光能的过程,人们设计了多种人工光化学转化体系。这些光化学转化过程主要是光催化反应,包括光催化降解、光催化合成、人工光合作用,以及光催化产氢。光催化反应不仅在污染物降解方面发挥了重要作用,在化学合成方面也有着良好的应用。

➡➡电池——移动电器的"心脏"

广义上讲,电池是能产生电能的小型装置。而在日常生活中,电池一般指化学电池,即能将化学能转化为电能的装置。电池的基本原理是:较活泼的负极发生氧化反应,产生电子,并通过外电路传输到正极。电子与正极上的氧化性物质发生还原反应。在电池内部的电解液中,正极的阴离子流向负极并与阳离子结合形成回路,实现对外供电的目的。人类历史上第一款电池由意大利科学家亚历山德罗·伏打于1799年发明。

电池一般可以分为一次电池、充电电池和燃料电池。

一次电池就是只能使用一次的电池，由于其内容物以糊状形式存在，因此也被称为干电池。充电电池也被称为二次电池，主要包括铅蓄电池、锂离子电池、镍镉电池等。镍镉电池在使用中需要彻底充电和放电，否则会因记忆效应导致容量降低。因此，随着锂离子电池的兴起，镍镉电池逐渐被取代。燃料电池通过电化学反应将燃料物质化学能中的吉布斯自由能部分转化为电能。氢燃料电池就是将氢气作为燃料的一种经典燃料电池。

✣✣铅蓄电池

铅蓄电池是一种经典的可充电电池，是1859年由法国物理学家路易斯·普兰特发明的。铅蓄电池以海绵状的铅作为负极、铅氧化物作为正极，以一定浓度的硫酸作为电解质。为了提高电池的容量，往往将多组正、负极并联，形成电池组。铅蓄电池的最大优点是放电时电动势稳定，工作电压平稳，自放电低，适用温度为－20～50 ℃。在长达一个半世纪的发展历程中，铅蓄电池技术逐渐成熟，是世界上应用十分广泛的化学电池。在汽车等交通工具中，铅蓄电池不仅为照明设备提供电能，还是发动机启动的重要装置。铅蓄电池还被作为动力源，应用于早期电动车，推动电动车行业发展，至今还有一部分电动车仍在使用铅蓄电池。铅蓄电池也被大量应用于不间断供

电系统，保证外部电力供应中断时仍可持续提供稳定电能。此外，铅蓄电池还在通信电力系统和国防军事装备方面发挥巨大作用。当然，铅蓄电池具有能量密度较低、维护频繁、环境污染风险高等缺点，因此开发铅蓄电池的替代产品仍是科研人员的努力方向。

✣✣锂离子电池

2019年诺贝尔化学奖授予约翰·古迪纳夫、斯坦利·惠廷厄姆和吉野彰，以表彰他们在锂离子电池方面做出的突出贡献，同时也肯定了锂离子电池在生活中的重要地位。自1991年日本索尼公司将第一款锂离子电池推向市场，锂离子电池逐渐成为我们最为熟悉的一种可充电电池。

锂离子电池的充/放电是依靠锂离子在电极上嵌入-脱嵌实现的。正极一般使用锂合金的金属氧化物，而负极多采用石墨或石油焦。放电时，锂离子从负极脱嵌进入电解质，并嵌入正极形成富锂状态，这一过程产生的电子则经由外电路传递到正极，实现供电。充电过程则相反。锂离子电池的能量密度高，输出功率大，电池容量可以达到同体积镍镉电池的2～3倍。高的能量密度和输出功率使锂离子电池不仅能用于手机等小型电子设备，还被特斯拉等企业用作电动汽车的动力源。锂离子电池的特点是不存在记忆效应，电池性能稳定，且可以快速充放电。当然，安全问题一直是锂离子电池必须面对的难题。当电池处于过充状态时，体系温度急剧升高，从而造成电池自燃甚至爆炸。此外，物理穿刺破坏、高温等苛刻环境同样会引起安全事故。随着过充保护技术的应用，以及锂离子电池材质、结构的不断优化，其安全性将得到极大的提升。

与此同时，成本更低、性能更优的钠离子电池、钾离子电池、锌离子电池技术也逐渐成熟，有望成为锂离子电池的理想替代品。

燃料电池

1839 年，英国科学家威廉·格罗夫发现，水解过程的逆反应可以用来发电，从原理上证实了燃料电池的可行性。1959 年，英国的弗朗西斯·托马斯·培根制造出第一块能够工作的燃料电池，燃料电池开始走进人们的生活。安全可靠的燃料电池不仅作为动力装置应用到汽车、拖拉机上，而且在航天领域也发挥着巨大作用。美国阿波罗登月飞船就是以燃料电池作为备用电源的。在经历能源危机后，世界各国普遍意识到发展新能源技术的重要性，燃料电池也随之得到快速发展，先后出现了碱性燃料电池、磷酸燃料电池、固体氧化物燃料电池、熔融碳

酸盐燃料电池和质子交换膜燃料电池。

虽然燃料电池与其他种类电池有着相似的结构和工作原理，但燃料电池并不是电能存储装置，而是发电装置。其电极上的反应物质也不是封闭在电池内部，而是通过外界传输提供。在燃料连续供应的情况下，燃料电池能够持续不间断地供电。目前，燃料电池可以广泛利用天然气、石油气、甲醇、氢气等燃料物质，以氧气或空气作为氧化性气体实现正常工作。电池反应体系不同，则电池的性能和反应环境也不同，因而燃料电池既可以做成小型动力装置应用于私人交通工具，又能建设成大型的地面发电装置。良好的环境特性使燃料电池的应用前景十分广阔。

▶▶生活与生命健康中的化学——农药、合成氨与药物化学

化学是沟通微观世界与宏观世界的重要桥梁和工具，合理地运用化学可以丰富我们的生活，但不加限制地滥用化学也会对人类造成难以弥补的伤害。各种化学品滥用事件导致人们对化学和化学品的恐慌，甚至出现谈“化学”色变的怪异现象。化学发展道路上的这些问题往往源于化学研究进行得不全面，从而造成对某些物质的

错误认知或人为滥用，这恰恰说明化学科学的充分发展对保障人类健康和安全的重要性。

➡➡农药——农业生产的护卫者

农药是农业上用来杀虫、杀菌、除草、灭鼠等以及调节农作物生长发育的药物的统称。农药是人类应用化学保护食物来源的一项重要发明。人们既依赖农药在农林牧业生产中发挥的巨大作用，又惧怕农药对人体的伤害和对环境的污染。农药经过几个世纪的发展，逐渐形成了系统的体系和严格的管理制度。

《周礼·秋官司寇》记载，早在周朝时期，我们的先祖就开始用荆芥、莽草、蜃灰除灭虫害。古希腊也有用硫黄除治虫害的相关记录。早期人们主要将天然物质和无机物作为农药使用。1885 年，以硫酸铜和熟石灰调配而成的“波尔多液”开始被广泛用来对抗由菌类入侵引起的植物病变。硫酸铜和熟石灰在调配过程中发生反应，生成碱式硫酸铜，在水中溶解度极小的碱式硫酸铜会附着于植物表面，并在植物、细菌代谢产生的酸性物质作用下分解出铜离子，从而发挥抑菌、杀菌的作用。

天然农药和无机农药的产量和适用范围的限制，使其无法满足近现代农业的应用需求。20 世纪 40 年代以来，随着有机氯、有机磷农药的开发，逐渐进入人工合成

有机农药的时代。人工合成有机农药使人们可以摆脱天然物质性能和产量的限制,满足农业多元化发展需求。对于威胁农畜作物的病虫害,需要药剂具有广谱、长效杀虫的能力。而对于影响植物生长的杂草,需要药剂具有良好的选择性,在抑制杂草生长的同时避免对农作物造成伤害。然而,高毒性、高稳定性农药对环境的污染和对生物的危害也逐渐显现。例如,农药 DDT 难以降解,会随着食物链进入动物体内,造成大量鸟类物种近乎灭绝,并对人类产生影响;农药百草枯(甲基紫精)在除草的同时对人体也有严重毒性,误食后致死率极高。

人们在付出惨痛代价后将农药的设计目标转变为高效、低毒、低残留。研究人员通过对天然动植物中有效成分的提取、分析和人工合成,得到了大量药效高且对环境影响较低的农药成分。当然,这类农药的本质也是以杀灭病虫害为主,相比于剧毒类农药,虽然避免了对环境和生物的直接伤害,但仍会损害食物链,影响以害虫为食的有益昆虫和动物的生存,因此研制非杀生性农药成为发展的主要方向。通过改变有害生物的形态、生长繁殖规律、生活习性等因素,将病虫害的繁殖和生长控制在一定范围内,既不损害农作物,又能保持生态平衡,达到可持续的目的。常用的非杀生性农药主要包括生长调节剂、性信息素、拒食剂、驱避剂等。例如,吡蚜酮能够迅速阻塞蚜虫、飞虱的口针，阻碍害虫进食，达到防治效果。非杀生性农药极大地降低了农药的残毒量，提高了对人、畜及环境的安全性。新的除草剂草甘膦对鼠、兔、鱼类等动物的毒性大大降低，一般认为它不具有致癌性。

当然，任何一种农药都不能完全应对复杂的病虫害环境，病虫害对农药逐渐产生的抗药性也是亟待解决的问题，化学仍是未来高效、安全、绿色农药发展的重要基石。

➡➡合成氨——握住造化之笔

合成氨是指氮气和氧气在催化剂作用下，于高温高压下直接合成得到的氨。合成氨是现代基本无机化工流程之一。随着 19 世纪农业的发展，天然氨源已经难以满足需求。氨气不仅是生产农业所需的化肥的重要原料，还可以被加工成炸药，因此人们迫切希望发展合成氨技术以获取充足的氨气。1898 年，德国化学家弗兰克和卡罗发现了氰化法制氨。在 1 000 ℃高温下，碳化钙和氮气反应生成氰氨化钙，再经过高温水蒸气处理，氰氨化钙水解产生氨气。但这种方法成本很高，污染严重，因此难以被广泛采用。

氰化法制氨被发现的两年后，法国科学家勒夏特列基于平衡移动的理论计算，认为氮气和氢气在高压下直

接合成氨是可行的，但由于他不慎在实验中混入了氧气，发生了爆炸，于是放弃了对合成氨的研究。随后，德国化学家能斯特利用热力学定律进行计算，认为合成氨的产率极低，人工合成氨难以实现应用。当然，后来发现是其计算中热力学数据错误才导致得出错误的结论。与此同时，另一位德国化学家哈柏坚信合成氨的可行性，持续开展研究工作。1908 年，通过将反应压力增大到 200 个大气压，并将反应温度降至 600 ℃，终于用氮气和氢气成功合成出氨气，成为当时备受瞩目的研究成果。由于在合成氨方面的巨大贡献，哈柏于 1918 年被授予诺贝尔化学奖。

1909 年，哈柏发现了具有较好催化效果的锇和铀，并将合成氨的转化率提高到 8%。但锇和铀并不是理想的催化媒介，不仅稀少昂贵，而且锇的蒸气也有极强的毒性，铀更是具有放射性。哈柏在一系列尝试后发现，将氧化铝和少量氧化钾掺入铁中可以得到一种高效且廉价的催化剂。以铁及其氧化物为核心的铁基催化剂直到现在仍是合成氨工业中的主要催化剂。此外，钌基、铜基、钴-钼催化剂由于抗毒稳定性和高催化活性，也是理想的催化剂。

到目前为止，合成氨研究领域已诞生了多位诺贝尔化学奖获得者，与哈柏一起建立起合成氨工业体系的德国工业化学家博施也于 1931 年获得诺贝尔化学奖。2007 年，利用表面化学动力学揭示哈柏-博施流程合成氨作用机理的德国化学家埃特尔被授予诺贝尔化学奖。这些荣誉足以说明合成氨的重要意义。氨不仅用来合成尿素、无机铵盐、氮磷钾混合肥等，在农业生产中发挥巨大作用，而且在工业生产中具有举足轻重的地位，广泛应用于化纤和塑料产业，用于生产尼龙、丙烯腈、脲醛树脂等。通过氨转化得到的硝酸也是炸药和多种化工产品的基本原料。

随着环境保护意识的加强和化工能源产业的调整，现今合成氨通过综合优选反应原料、调整反应过程、与煤化工和石油化工联合生产等方式，减少了产业污染，降低了成本。此外，通过模拟生物固氮过程，利用固氮酶实现在温和条件下的氨合成，对人类社会的可持续发展具有重大意义。随着生物工程学的发展和对生物固氮过程的深刻认识，或许有一天，生物固氮会成为传统合成氨的理想替代者。

➡➡药物化学——护卫人类生命健康的坚盾

人类的发展过程中始终伴随着疾病，人类历史同时也是一部对抗疾病的斗争史。古时人类尝试食用几乎所

有东西，以求获得对抗发热、腹泻、疼痛的药物。《淮南子》中记载神农氏遍尝百草的故事，展现了当时人们探索药物的方式。社会的进步和经验的积累催生了早期的医学和药学，大量调配药方出现。战国时期韩非的文章《扁鹊见蔡桓公》中就提到了“火齐”这种治疗肠胃病的调剂。以延年益寿为目的的金丹术也是在这个时期兴起的，早期的医药就在这种经验的积累中逐渐形成体系，出现了《千金方》《神农本草经》《本草纲目》等医学典籍。受当时科学知识的限制，人们难以真正获悉疾病的本质，而多以阴阳五行学说、四元素说等朴素的思想对疾病的产生和药物医治进行解释。

当然，那个时期的医药往往局限于本地出产的植物、动物和矿物，这种地域限制往往使某些疾病成为几乎无法医治的绝症。例如，清朝康熙皇帝因疟疾生命垂危，幸得西方传教士带来的特效药——奎宁，才转危为安。而奎宁原产于南美洲，在殖民者发现它之前，疟疾在欧亚诸国均无有效医治手段。

事实上，天然药物不仅含有对疾病治疗起关键作用的有效成分，也包含无效成分和杂质。这些组分不仅不会对治疗疾病发挥作用，甚至可能由于潜在的生物毒性造成严重的副作用。为了提高天然药物的药效，减少杂质的副作用，人们利用各组分之间的极性、溶解性、分子尺寸、沸点等物性差异，通过化学提取的方式将有效成分分离、提纯、浓缩。从鸦片中提取的吗啡具有很强的镇痛作用，用作麻醉剂；从茶叶中提取的咖啡因是一种中枢神经兴奋剂，用于治疗神经衰弱；从红景天中提取的红景天苷能够提高吞噬细胞活性和 T 淋巴细胞转化率，增强免疫力；从果蔬中提取的抗坏血酸有助于半胱氨酸和二价铁的形成，清除体内自由基；从曼陀罗、天仙子中提取的阿托品具有缓解胃肠绞痛的功效。直到现在，天然药物提取仍然是现代医药的重要组成部分。

虽然通过提纯可以减少杂质的副作用，但是天然药物提取受到原料来源的极大限制。特别是当原料具有地域限制、属于珍稀物种，以及来自动物体时，获得充足的原料更加困难。第二次世界大战期间，随着日军侵占我国及东南亚，金鸡纳树的主要产地被日军控制，原本就不足的奎宁产量断崖式下降，开发人工合成抗疟疾药势在必行。美国诺贝尔奖得主、有机化学家伍德沃德于 1945 年成功制备出合成奎宁的重要底物——奎宁辛。伍德沃德还相继成功合成了利血平、士的宁、胆甾醇等多种药用有机化合物。在伍德沃德的主持下，集合了十几个国家的上百位化学家，组成团队，成功攻破维生素 B_{12} 的人工合成难题，终于摆脱了从动物内脏提炼维生素 B_{12} 的限

制。我国于1965年首次以化学方法成功合成了具有高活性的牛胰岛素，并得到其结晶，开创了人工合成蛋白质的先河。由于疟原虫对奎宁逐渐产生抗药性，为了对抗疟疾，屠呦呦带领团队从青蒿中成功分离出特效成分——青蒿素，并进一步合成了成本更低、抗疟疗效更高的双氢青蒿素，为抗疟事业做出了突出贡献，因此获得2015年诺贝尔生理学或医学奖，并获得2016年国家最高科学技术奖。通过化学手段人工合成药物，不仅能够得到与天然药物组分相同的产物，还可以通过改变化学基团、分子构效、手型结构等手段，优化药物结构，提高药效，降低副作用和生物毒性。

▶▶催生新材料的合成化学——超越自然极限的神奇物质

人类最早使用的材料都是纯天然的。随着对火的掌握和使用，开始通过煅烧、冶炼来加工制备材料，包括陶瓷、青铜器、铁器等。自此，材料的更新迭代都是以科学技术的进步为基础而进行的。例如，炉温的升高推动了瓷器的演化和冶金技术的发展。

随着现代化学的兴起，人类开始通过化学原理来指导材料的制造和开发，大量具有独特性能的合金相继出现。合成纤维、合成橡胶、塑料等高分子材料也从实验室走进生活，成为与金属材料并重的角色。陶瓷、玻璃等无机氧化物材料通过组成、结构、晶体排布的调变，获得物性增强和新的功能，从而在更广阔的领域发挥作用。

化学合成技术的提升，不仅极大地拓展了材料家族的规模，更发展出许多具有独特性能的新材料，极大地满足了生产、生活中的应用需求。这里主要介绍几种超越自然极限的神奇材料。

➡➡超黑材料

超黑材料是一类能够将照射到其表面的光近乎完全吸收的特殊材料。一般而言，对可见光吸收率超过98%的材料即可称为超黑材料。常规材料都会反射一定量的光线，材料所呈现的颜色与其反射和散射的可见光波长有关。当材料对各个波长的光吸收均较强、反射和散射均较弱时，材料即呈现黑色。在生产、生活中，黑色材料并不少见，煤、石墨、许多金属的氧化物或硫化物都呈黑色。燃烧石蜡、天然气、石油产品产生的炭黑也呈现黑色，被广泛用作黑色染料。当然，这些物质的黑色也不尽相同，这与物质本身的性质有关。此外，材料的微观结构也是重要的影响因素。例如，一张黑色的光滑表面和一张黑色的磨砂表面，尽管颜色大致相同，但光滑表面存在

更强的光反射，颜色的视觉观感有较大改变。再如，一般金属块呈现的颜色多为金色、银色等较亮的金属光泽，当金属块破碎成纳米尺度的颗粒时，由于小尺寸效应，就会失去原有的光泽而呈现黑色。微观结构对颜色的影响激起了研究人员探求极致颜色的渴望。

早在2008年，美国研究人员就报道了一种吸光率高达99.9%的超黑材料，这种超黑材料是由竖直排列的碳纳米管组成的阵列。当光照射到碳纳米管阵列表面时，会进入间隙发生偏折，并在碳纳米管之间多次反射，直至被完全吸收。事实上，当初研究人员并不是有意要制备这样一种具有特殊吸光性能的材料，而是想通过碳纳米管的竖直生长排列，避免相互缠绕，影响在催化、导电方面的应用。然而，在碳纳米管阵列一次次的制备过程中，研究人员逐渐被其幽幽的黑色所吸引，从而拉开了超黑材料开发的序幕。目前，碳纳米管阵列主要通过化学气相沉积的方法制备。在基底上沉积一层铁、钴、镍的金属或金属氧化物薄膜作为催化剂，在密闭、高温条件下，通入乙炔、乙烯等气态含碳物料，依照催化剂表面晶面取向生长，形成竖直排列的阵列。

随着研究人员对碳纳米管阵列生长条件的摸索，通过调控碳纳米管的尺寸和排布，可以进一步提高光吸收能力。英国科研人员相继开发了多种超黑涂层，利用经过优化的碳纳米管阵列结构，甚至可以实现 99.965％的吸光率。尽管这种超黑涂层的成本十分高昂，但已经展现出商业化的前景。特别是目前已开发出喷雾技术，可以通过喷涂的方式实现其在更多表面上的应用。

除了碳纳米管阵列，具有相似微观结构的多种材料都能达到超黑材料的吸光效果。例如，硝酸腐蚀过的镍磷合金表面，由于形成大量微孔和纹路，因此材料表面的反射率下降到 0.5％以下；在阳极氧化铝上沉积金属纳米颗粒，借助阳极氧化铝本身的竖直孔道阵列、纳米颗粒堆积形成的粗糙表面，以及纳米颗粒本身的强光吸收能力，在波长为 400 纳米到 10 微米的极宽范围内均保持 99％左右的光吸收能力。

超黑材料对光线极强的捕获能力，使其被应用于航天科技、精密光学等领域。在太空望远镜、相机镜头中使用超黑材料，可以消除杂散光对观察、测试的影响，防止溢光，大大提高成像的清晰度和测试的准确性。随着制造成本的降低以及稳定性的提升，超黑材料有望在隐身装备制造、超黑暗室搭建、保温隔热等更广阔的应用领域发挥重要作用。

➡➡超硬材料

硬度是衡量材料软硬程度的一项重要的性能指标，可用来表示材料抵抗形变和破坏的能力。人类最初在自然界中探寻高硬度材料是为了制造更坚固耐用的工具，便于劳作。随着金属冶炼技术的发展，人类通过提炼、元素掺杂，以及特殊锻造技术的方式提高材料硬度。通过这种方式获得的高硬度材料被大量应用于武器和护具的制造。青铜中主要含有铜、锡、铅，其中锡的加入不仅可以降低铜的铸造温度，而且更重要的是，可以提高青铜的硬度。《吕氏春秋》记载“金柔锡柔，合两柔则为刚”，说明了锡对于提高青铜硬度的作用。锡含量越高，则青铜硬度越高，但同时韧性降低，易折易碎。除了通过加入元素形成合金以提高材料硬度，还可以通过淬火的加工方式，使晶格产生畸变，阻碍位错移动，从而使材料硬度得到加强。目前，人类合成的硬度最高的合金是钨钢。这是一种由金属碳化物和金属钴等金属黏合剂烧结而成的复合材料。钨钢不仅在常温下具有较高的硬度，而且在上千摄氏度的高温下仍具有较高的硬度，因此被用来制作高速钻头、铣刀、车刀等器件，在材料加工过程中被广泛应用，被称为“工业的牙齿”。

人类在漫长的材料研究过程中，发现了硬度远超常规的特殊材料——超硬材料。目前得到广泛研究并被应用的超硬材料主要是金刚石和立方氮化硼。此外，新型的超硬材料还包括以氮化碳、碳化硼等为主的拟金刚石类和以二硼化锇、四硼化钨等为主的过渡金属的硼、碳、氮化合物。

金刚石是天然存在的硬度最高的物质，金刚石中 sp^3 杂化的碳原子与相邻四个碳原子以共价键的方式构成正四面体结构。晶体中的碳碳键键能高，且碳原子的四个价电子都参与形成共价键，不存在自由电子，因此形成极为稳定的原子晶体结构。金刚石具有超高的硬度，使其成为评判其他材料硬度的常用标准。在莫式硬度测试中，金刚石的硬度值被设定为最高的 10（新莫式硬度设为 15）。在维氏硬度和洛氏硬度测试中，会用到金刚石压头对材料进行挤压测算。天然金刚石是在地下经过长时间的高温、高压作用下形成的。事实上，金刚石在自然界中的含量较为丰富，但由于其矿藏分布不均，再加上开采的限制，金刚石的产量较低，很难满足工业应用的需求。1954 年，美国通用电气公司以石墨为碳源，在催化剂和高温、高压作用下第一次合成出人造金刚石。我国也在 1963 年掌握了人造金刚石的合成技术。人造金刚石作为天然金刚石的替代品，广泛用作磨料、磨具、切割刀头、钻头，在机械加工等领域发挥了重要作用。除了常规立方

金刚石，人们还发现了六方金刚石(朗斯代尔石)，其硬度接近金刚石。

与金刚石不同，立方氮化硼是一种人工合成的超硬材料，其天然矿物直到 2009 年才在我国青藏高原地区被发现，蕴藏量极少。最早的立方氮化硼是美国通用电气公司于 1957 年制备成功的，其制备方法与人工合成金刚石的方法类似。立方氮化硼的合成以六方氮化硼(白石墨)为原材料，以碱金属、碱土金属及其氮化物为催化剂。反应得到的立方氮化硼粉末可以以铝、钴、钛等为黏合剂，进一步烧结成块。我国于 1966 年成功合成出立方氮化硼。

碳化硼与金刚石、立方氮化硼并称为已知的三种最坚硬的材料(图 5)，碳化硼的硬度略低于金刚石。碳化硼可以通过氧化硼或硼酸与碳源在高温下反应制得，得到的产物多为粉末，需要经过热压烧结或高温烧结形成碳化硼陶瓷及复合材料。相比于金刚石和立方氮化硼，碳化硼更廉价，制备也更容易，因此其应用也更为广泛。除了常规的机械加工领域外，碳化硼也被加工成喷砂嘴、装甲等对硬度有极高要求的配件。除了超高硬度，碳化硼还能大量吸收中子且不产生放射性同位素，因此在原子反应堆中也有重要应用。

金刚石　　立方氮化硼　　碳化硼

图 5　金刚石、立方氮化硼和碳化硼的晶体结构

对材料硬度的孜孜追求，是人类不断寻求突破的过程。在这个过程中，超硬材料的出现使人类获得了一把改造世界的利器，为人类的生产、生活带来了极大的便利。

➡➡超轻材料

超轻材料一般是指密度不超过每立方厘米 10 毫克、具有良好比强度和比刚度的一类新型材料。超轻材料是人类探求材料性能极限的另一个重要成果。

减小材料的密度、实现材料轻量化具有重要意义。车辆、轮船、航空航天器材质密度的降低，可以大大减少动力能源的消耗，获得更大的载重量，提升行进速度。用密度更小的人造纤维替代棉麻布，可以让衣物更轻便。当然，材料密度的减小并不意味着材料性能的降低。相反，人们在减小材料密度的同时更注重保持材料的机械

性能，密度极低的超轻材料甚至拥有超越钢材的高比强度和高比刚度。不仅如此，由于超轻材料中含有大量的空气，不仅能极大地降低热导率，更能阻挡以波形式传播的能量，因此，超轻材料也往往具有绝热、隔音、抗震等特殊功能。超轻材料涉及多种材质，包括以石墨烯为主的碳基材料、氧化硅、聚合物、过渡金属、陶瓷，以及各种复合材料。从结构上来说，目前开发的超轻材料主要分为气凝胶、泡沫材料和微点阵材料三种。

气凝胶最早是由美国科学家凯斯特勒于 1931 年成功制得的，这也成为超轻材料研发的开端。气凝胶一般是指利用超临界干燥、冷冻干燥等特殊方式将凝胶材料中的液体替换成气体而得到的具有微纳米多孔结构的固体材料。由于在超临界干燥过程中，微观孔道不会因为毛细压力的作用而坍塌，材料不会出现明显的收缩和粉碎，因而得到的气凝胶产品拥有极高的孔隙率和极低的密度。目前认证的最轻的气凝胶的密度约为每立方厘米 3 毫克，约为空气平均密度的 3 倍。氧化硅气凝胶是凯斯特勒最早制取的气凝胶产品，轻如薄雾且泛蓝，因此有“蓝烟”的别称。氧化硅气凝胶的制备主要以有机硅氧烷或硅酸钠作为硅源，并通过调控溶液体系的 pH，促进硅源水解及交联，经溶胶—凝胶过程形成湿凝胶，再通过超临界干燥，最终得到气凝胶。超临界干燥是通过对湿凝胶加压升温，使其中的溶剂超过临界点，转变为超临界流体，从而在不形成气-液界面的情况下从凝胶孔道中排出。为了降低生产难度和成本，也可以用低表面张力的溶剂替换湿凝胶中原有的溶剂，然后在常压下直接干燥，但得到的产物会有无法避免的坍塌。碳基气凝胶是气凝胶家族中另一类重要成员，主要由碳纳米管、石墨烯等具有大π键共轭结构的低维度碳材料构成，例如，石墨烯气凝胶。在溶胶—凝胶过程中，石墨烯片之间由强相互作用力结合到一起，形成骨架结构，这与氧化硅气凝胶中主要是共价键不同。石墨烯气凝胶是以弱相互作用力为主导的结合方式，因而能够获得良好的弹性。除了氧化硅气凝胶和碳基气凝胶，高分子聚合物也是制备气凝胶的一类重要材料，可用于制备高弹性、高静电作用的超轻材料。

泡沫材料是另一种包含无序孔隙的超轻材料。一般来说，泡沫中的孔隙主要是通过气体发泡的方式得到的，泡沫中的孔隙较大且不均匀，这与气凝胶存在较大差异。泡沫中的孔既可以是相互贯通的开孔状态，也可以是孔隙间被骨架完全隔开的闭孔状态，例如，我们常见到的包装填充物和一次性餐盒就是闭孔的聚苯乙烯泡沫。聚合物泡沫材料的制备主要是将聚合物原材料溶于溶剂或加热熔化，再通过加入发泡剂或机械搅拌等方式引入大量气体而实现的。金属泡沫材料，如泡沫镍、泡沫铜等的制

备方法主要有两种：一种以聚合物泡沫材料为模板，通过电镀、电沉积等方式将金属沉积在聚合物泡沫材料表面，再通过高温烧结和还原得到；另一种则将金属粉末与盐颗粒混合压制成型，并在稀有气体保护下高温烧结，再通过水溶剂等将盐洗涤移除得到。由于金属泡沫材料孔隙率高，比表面积大，孔结构贯通，常被用作电池电极材料、催化剂和热交换材料。碳基泡沫材料的制备一般以金属泡沫材料为模板，通过化学气相沉积将烃类气体分解出的碳直接沉积到模板表面，再用酸液刻蚀除去模板实现的。

微点阵材料是近些年来兴起的超轻材料。与上述两种超轻材料的最大不同是微点阵材料具有极为规则的孔结构，周期性有序的孔结构使其具有高的机械强度。微点阵材料的制备一般是通过 3D 打印的方式先得到微点阵模板，再通过电镀、沉积、聚合等方式在模板表面形成涂层，最后经过涂层固化和模板刻蚀而实现的。这种制备方法可以广泛用于碳材料、金属、陶瓷等多种材料体系。另一种微点阵材料的制备方法是直接通过 3D 打印的方式构筑，再通过后处理进行固化和轻量化。可以看出，微点阵材料是在 3D 打印等增材制造技术基础上发展起来的，借助 3D 打印很强的可设计性，微点阵材料可以被构建成各种复杂结构。良好的结构可控性可使微点阵材料实现可逆拆组，且仍能保持高的强度，这是其他超轻材料很难做到的。

▶▶信息产业中的化学技术——液晶、微球与光刻胶

第三次工业革命以后，信息产业成为第四产业，被认为是所有产业的核心，而化学是信息产业发展的重要基石。新材料的开发、化学合成技术的提升、化学结构的深入认识都是推动电子信息产品迭代、信息技术普及的重要动力。要独立自主地发展信息产业，就需要掌握作为基础的关键化学技术和核心电子化学品的生产技术。

➡➡液晶——显像产业不可或缺的关键

1888年，奥地利植物生理学家莱尼茨尔在加热胆甾醇苯甲酸酯时发现其存在两个熔点。在加热过程中，固体首先在第一个熔点转化为雾状液体，而后在第二个熔点继续转化为透明液体。在冷凝过程中，透明液体会经过短暂的蓝色状态转变为雾状液体，再经短暂的蓝紫色状态凝固为白色晶体。莱尼茨尔将这一发现告知德国物理学家莱曼，莱曼利用具有加热功能的偏光显微镜确认了处于两个熔点间的雾状液体为新的相态，并将其命名为“液晶”。

要形成液晶态，液晶分子必须具有特殊的结构特点：

液晶分子需要具有棒状、碟状这类各向异性的几何结构。

在长轴方向上，液晶分子呈较强的刚性。

液晶分子末端需要具有易极化的基团，使分子间能形成较强的范德华力或静电吸引力，从而使分子取向有序。

不管是液晶显示屏还是LED显示屏，其核心面板的关键材料均为液晶。液晶是在熔融或溶解过程中，处于固体和液体之间的一种中间态物质。液晶既具有液体的流动性，又具有晶体分子的各向异性，这种特殊中间态叫作液晶态。液晶并不是一直处于液晶态，而是在一定温度区间或特定浓度范围内才会呈现出这种特殊状态。根据液晶态形成的方式不同，液晶分为热致液晶和溶致液晶两种。热致液晶可以是单一化合物，也可以由多种化合物均匀混合组成，在加热熔化为液态之前形成液晶态。溶致液晶是包含溶剂的混合物，在溶解过程中达到一定浓度，形成液晶态。溶致液晶显像的主要原因是溶剂和溶质分子之间的强相互作用，极性溶剂诱使极性溶质分子形成长程有序排列。考虑到显示屏的制备工艺和维护，目前显示屏的制造主要以热致液晶为主。

尽管液晶很早就被发现，但直到20世纪中后期，随着集成电路技术的发展，才逐渐被应用于显示装置、传感器件、光电器件。事实上，对适用于显示屏制作的液晶要求十分严苛，综合考虑，含氟液晶能够较好地满足应用需求。此外，液晶屏的制作难以依靠单一液晶分子完成，而是需要多种不同分子共同作用，这更加大了液晶材料的研发难度。

➡➡微球——民族工业亟待攻克的核心技术

微球是指粒径在微米到百微米尺度的球状颗粒，微球的材质包括金属、无机非金属、高分子聚合物，以及复合材料。小尺寸的微球是无法通过传统加工技术制得的，因此微球的制备大多使用化学合成方法。事实上，微球的制备方法并不复杂，例如，聚苯乙烯微球和二氧化硅微球可以通过乳液聚合的方法得到，但要得到尺寸合适且均一的微球却极为困难。原材料的品质、反应条件、反应设备、后处理方法都会对微球的尺寸造成巨大影响。

在信息产业中，微球不仅可作为显示屏面板间的支撑物，还可以将极小的芯片引脚连接到电路中。医药工程、环境监测、军工生产等领域也需要高品质的微球。

➡➡光刻胶——国产芯片业发展的关键

光刻胶又称为光致抗蚀剂，是一种对光敏感的混合

液体,能够通过光化学反应复制掩膜图形。其作用原理与传统的相机底片感光过程类似,不同的是,由于光刻过程中曝光用的是紫外光,因此光刻胶需要对特定波长的紫外光有响应。光刻胶的成分主要包括感光化合物、基体材料和溶剂。此外,根据不同应用环境,还含有调节光化学反应的各种单体以及特殊助剂。光刻胶复杂的成分构成也大大增加了其研发难度。根据对光的反应,光刻胶主要分为两种。一种光刻胶是负性胶,以聚肉桂酸酯类和环化橡胶类为主,曝光的部分会引发聚合反应,形成不溶于显影液的图案。聚合部分在显影过程中存在溶胀现象,因此负性胶难以应用在精细度要求极高的体系中。另一种光刻胶是正性胶,其光反应效果与负性胶恰恰相反,曝光的部分发生光分解,从而形成可溶性物质,在显影过程中被洗去,形成图案。正性胶的主体为线性酚醛树脂,叠氮醌类化合物为感光成分。叠氮醌类化合物会抑制酚醛树脂溶解,但当紫外光照射时,叠氮醌类化合物经分解、重排和水解过程,生成可溶于显影液的物质。正性胶的分辨率高,更适于精细结构的刻蚀。

一般来说,光刻的加工精度受光源波长的制约,光刻加工的精度越高,所需光源的波长越短。光刻机目前能用到的光主要包括紫外光、深紫外光和极紫外光。极紫外光的波长已经接近 X 射线,这对光刻胶的要求更为苛刻，成分也更为复杂，研发更加困难。

▶▶绿水青山、美丽家园——环境化学与污染治理

环境是影响人类生存和发展的自然因素的集合，是人类一切活动的空间，环境的质量关乎人类的命运。影响环境质量的因素可归为化学、物理和生物三个方面，其中化学是主要的影响因素，对大气、水体和土壤的环境系统都产生极深远的影响。因此，了解并解决环境中的化学问题，是人类迈向未来的必修课。

环境化学是以化学原理和方法为基础，研究自然环境中有毒有害污染物的形成、转移、转化、生态影响及其控制、消除的一门重要科学，是帮助我们认识并防治化学环境污染的基础和依据，是人类保护生存环境、谋求人与自然和谐和可持续发展的重要工具。

➡➡大气污染的治理

随着工业革命的兴起，煤炭、石油等化石能源的使用量激增。化石能源在燃烧过程中会释放大量氮、硫氧化物和粉尘污染物，严重污染了大气环境。

以二氧化硫为主的含硫化合物是化石燃料燃烧过程中危害性极强的一类污染物，不仅会直接损伤生物的呼

吸系统，也是造成酸雨的主要元凶之一，因此各国普遍要求排放的烟气需要经过严格脱硫净化。脱硫过程既可以在燃烧前针对燃料进行，也可以在燃烧过程中通过流化床燃烧技术完成。此外，将燃烧后烟气中的含硫污染物吸附移除是另一种脱硫策略，应用更为普遍。烟气脱硫的优势是既不需要对燃料中的硫分进行严格脱除，处理难度和成本较低；也不需要担心燃烧体系中其他组分引入含硫污染物，从而造成二次污染。烟气脱硫大多利用酸碱反应原理，利用碱性物质与酸性二氧化硫中和，将其从烟气中去除。常用的脱硫剂有钙、镁、钠、氨的碱性化合物，以及有机碱。

臭氧空洞是大气污染造成的另一个严重后果。1985年，英国科学家在南极上空发现了臭氧空洞，震惊了世界。臭氧空洞使照射到南极地区的紫外线强度飙升，从而严重破坏生物细胞，危害南极生态。随后，在北极上空也发现了臭氧空洞，而我国青藏高原地区的臭氧层也面临危机。臭氧层的消耗是由用于冰箱、空调等的氯氟烷烃制冷剂在紫外线照射下产生的氯自由基造成的。在氯自由基的作用下，臭氧被持续转化为氧气，而在转化过程中氯自由基几乎不会被消耗。在《关于消耗臭氧层物质的蒙特利尔议定书》的指导下，各方经过三十余年的努力，逐渐淘汰了高危害的氯氟烷烃，转而使用四氟乙烷、异丁烷等低危害替代品作为制冷剂。近年来，臭氧空洞呈现缩小的趋势，这是全人类共同努力的成果，为应对其他环境问题提供了重要借鉴。

温室气体排放导致的全球气候变暖是又一个重要环境问题。二氧化碳是温室气体中的重要成员。二氧化碳具有很强的红外吸收能力，不仅能够吸收辐射到地球的太阳光能量，还能将地面的热辐射反射回去，使地球环境温度升高。当大气中温室气体过多时，绝大部分热辐射被反射回地球，导致气温不断升高。目前抑制温室气体的措施有两个方面：一方面，改变能源结构，减少化石能源的使用，大力发展氢能、太阳能等可持续能源；另一方面，捕获二氧化碳，减少其直接排放。

目前，捕获二氧化碳的方法主要有化学吸收法、多孔材料吸附法、膜分离法等。捕获的二氧化碳可经富集提纯后应用于化学品的生产和石油开采。二氧化碳的捕获和固定被认为是目前唯一可以实现化石燃料持续使用而又不会引起气候灾难的可靠选择。化学吸收法主要有热钾碱法和醇胺法。热钾碱法主要通过碳酸钾吸收二氧化碳，生成碳酸氢钾，再通过加热，使碳酸氢钾分解，释放出二氧化碳。醇胺法则以乙醇胺等有机胺作为二氧化碳吸收剂，在室温下反应，生成胺的碳酸盐。化学吸收法较为

成熟，且可以利用生产中的废热实现吸收剂再生，因此在工业上应用较广。多孔材料吸附法主要利用金属有机骨架化合物（MOFs）、表面氨基改性或负载有机胺的多孔材料。其中，MOFs 是最有应用前景的二氧化碳吸附剂：一方面，MOFs 的中心金属，如 Al、Mg 等，能够与二氧化碳形成配合物；另一方面，MOFs 配体中的平行芳香环和碱性基团能够与二氧化碳产生强的相互作用，提高对二氧化碳的选择性吸附。膜分离是当前应用较广的二氧化碳捕获技术，主要通过氨基功能化改性的膜材料将废气中的二氧化碳选择性分离。膜分离技术具有很大的发展潜力，目前主要通过调控结构和组成来提高膜材料的二氧化碳选择分离能力及稳定性。

➡➡水体污染的治理

早期工业的发展不仅严重污染了大气环境，而且对水体环境也造成了破坏。

控制含重金属离子污染物废水的排放是避免水体污染的重要途径，而废水中的重金属离子可以通过化学沉淀、化学絮凝、氧化还原、电渗析、膜过滤和吸附等方法去除。例如，向废水中添加硫化物沉淀剂，汞、铅等重金属离子与硫化物沉淀剂反应，生成硫化物沉淀，从而被从水体中去除。利用铁盐处理污水，铁盐与重金属离子可以形成尖晶石结构的铁氧体沉淀，不仅去除了重金属污染物，还能得到有价值的半导体材料。利用多孔材料吸附重金属离子是普遍采用的方法，除了活性炭、磺化煤等传统吸附剂，近年来具有大比表面积的硅藻土、麦饭石、合成纤维等也在重金属离子吸附中发挥重要作用。化学絮凝是去除水体中污染物的一种成熟的工业化方法。向污水中加入以水溶性高分子为主要成分的絮凝剂后，水体中的悬浮物会形成大的絮凝物聚集体，从而可以快速沉降。同时，这些絮凝物聚集体具有大比表面积，可以吸附多种金属离子甚至有机分子，从而降低水体中的污染物浓度。絮凝法成本低、速度快，是水体净化的重要方法之一。

原油泄漏可以导致危害巨大的水污染事件。对于海面油污的深度处理，目前主要利用聚丙烯吸油毡吸附移除。当然，聚丙烯材质的吸油材料对浮油的吸收并不彻底，这是由于聚丙烯织物的疏水性不高，且织物间隙较大，在多次使用后，水会逐渐浸润其表面并形成水膜，从而阻碍织物对油的吸附。对此，研究人员开发了多种具有超疏水性表面的多孔材料。新型吸油材料不仅能够有效去除海面浮油，还能移除水中稳定的油类乳滴，最大限度地减少油污残留。对于海岸岩石及海鸥等生物体上沾染的油污，则利用化油剂进行清理。化油剂的主要成分

是表面活性剂，与我们日常使用的洗洁精成分类似。当前化油剂中表面活性剂的开发目标是高乳化能力、低生物毒性和可降解性。

营养性物质的过度排放也会对水体环境造成负面影响。生产、生活中排放的大量氮、磷等元素会进入水体，引起水体富营养化，从而导致藻类等单一物种迅速繁殖，在淡水体系中形成水华，在海洋中形成赤潮等现象。水面藻类的过度繁殖会遮挡阳光并耗尽水体中的氧气，导致水中鱼虾等生物死亡。而藻类的代谢毒素和死亡后的分解物质会进一步污染水体。为避免水体的富营养化，除了控制化肥的使用、避免其向水体的流失，更重要的是减少生产、生活中氮、磷化合物的使用，寻求替代品。目前使用的洗衣粉已将含磷助洗剂替换为沸石等无磷材料。

➡➡土壤污染的治理

大气循环和水循环过程会使空气和水体中的污染物转移到土壤环境中，而农药的施用、放射性物质的泄漏则会直接造成土壤污染。由于土壤环境不具有空气和水体的流动性，因此其污染处理过程较为困难和复杂，仅仅依靠切断污染源已很难让土壤环境在短时间内自我净化。例如，重金属离子污染的土壤需要施用石灰以提高 pH，使重金属离子形成氢氧化物沉淀，再通过换土、土壤淋洗等方式才能有效解决。植物或蚯蚓等生物能够缓慢吸收、降解农药等污染物，但过程缓慢，且不适于大面积污染土地的治理。因此，土壤污染需要从严控污染源出发，统筹大气、水体污染进行综合治理，而化学技术的进步是实现这一目标的重要基础之一。

化学的发展必将成为建设绿水青山、美丽家园的重要保障。

现代化学的挑战与机遇

接受挑战，就可以享受胜利的喜悦。

——杰纳勒尔·乔治·S.巴顿

▶▶辞旧迎新——剧烈变革中的现代化学

20世纪中后期，尤其是第二次世界大战以后，化学和化学工业迎来了一个飞速发展的黄金时代。在这一阶段，众多作为军事用途的技术被转为民用。例如，以前昂贵的尼龙成了廉价的丝袜原料，合成橡胶普遍用于制造汽车轮胎，特氟龙（聚四氟乙烯）等特种高分子材料被开发出来，超大型炼油厂如雨后春笋般拔地而起，炼化一体化（炼油-化工原料互供与能量利用的优化集成项目）极大地提高了化学品的生产效率，降低了能量损耗和生产成本。高校与化工企业的密切合作构建了工业应用型化学体系。第二次世界大战后，各个国家的重建工作更刺激了化学品的大量生产，为企业发展提供了商机。但是，化学这一在高速轨道上行驶的列车，在进入21世纪以来慢慢驶入了普通车道，面临着前所未有的机遇、挑战和社会责任。

➡➡备受曲解的化学工业

在现实生活中，化学最为人诟病的一点就是环境保护问题（图6）。随着近年来网络媒体的发展，有关化学研究和化学工业的不实新闻报道屡见不鲜，这在某种程度上影响了化学工业的发展。污染物的产生是工业生产过程中无法回避的问题。实际上，这个问题并不是近年来才产生的，而是在现代工业起步的时候就已经存在了。例如，1952年伦敦烟雾事件、1940—1960年美国洛杉矶光化学烟雾事件、1956年日本水俣病事件、1984年印度博帕尔事件等。而这些环境污染问题并不是化学工业发展的必然结果，也并不都与化学工业相关。例如，各种烟雾污染实际上是由煤炭等化石燃料的大量燃烧造成的，主要受炼钢、发电等企业的影响。当前一种重要的重金属离子和持久性污染物恰恰来自备受人们追捧的电子信息行业。电子线路板中大量使用铅等金属和卤代芳烃等环境激素，废旧电器中的电子线路板已经成为新的难处理污染物。

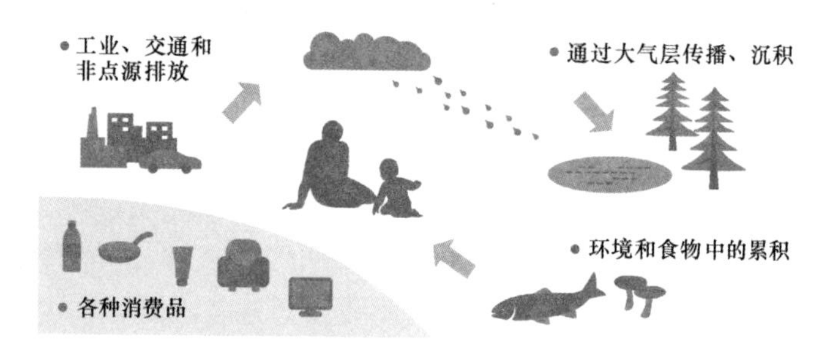

图 6　自然界中污染物的迁移

作为一门从实践中诞生的基础科学，化学常识更加依赖于实验经验的积累，往往只有职业人员才能够辨识哪些问题属于化学领域。例如，我们经常看到某些广告宣传其产品不含任何化学品，以显示其健康、绿色。但是，世界上根本不存在不含化学品的物质，哪怕是纯净水，其中的水分子也是一种基本化学品。而化学科普宣传工作的不足，也进一步加剧了公众对化学的误解。

实际上，污染和安全问题的产生，并不能归咎于化学科学和化学家。因为针对工业生产产生的污染物，化学家已经发展了各种各样行之有效的治理技术。例如，针对汽车尾气发展的三元高效催化剂，针对工厂烟尘发展的脱硫脱硝技术，针对污水发展的絮凝和吸附技术。经过处理的污水甚至可以达到可饮用的水平。同时，很多绿色环保、具有本质安全的化工生产技术也走向成熟，例如，连续流反应技术等。这些技术的应用完全可以将污染物和安全事故消灭在源头。但是，这些技术的实施会造成企业生产成本提高，短期利润减少，因此很多企业主在经济利益的刺激下，逃避责任，不采用或者虚假使用环保设施，从而造成污染物的超标排放。个别化工企业更是违规操作，不按照安全规范要求进行管理，从而引发安全事故。化学技术并没有错，而是人们在使用的时候偏离了正确的应用方法，从而导致了各种问题。

令人欣慰的是，随着我国对环保要求的提高和监管力度的增大等，化学品生产造成的污染问题已经基本解决。尤其是一些违规经营的小型化工企业被取缔后，集约型生产的大型现代化化工企业已经成为我国目前行业发展的方向。例如，现代化石化企业已经全面采用最先进的生产技术，厂区运行实现高度自动化控制，只需要少量人员在大型中控室就可以远程控制设备的运行，产生的污染物也经过层层净化处理，实现了现代化工厂与碧水蓝天共存。实验室的化学研究更是如此，化学实验室已经全面施行了严格的标准化管理，做到了有害废弃物的定点存放和集中处理，很多化学实验室中已经不再有

刺鼻的异味，实现了实验室与办公室健康环境别无二致。同时，化学科学组织也主动出击，加大向公众普及化学知识的力度，明确反对不实的新闻报道。

➡➡来自新兴学科的挑战

作为一门基础学科，化学同数学、物理一样，知识体系大厦已经较为丰满。依靠简单实验即可做出重大发现的时代已经过去，化学理论的每一步发展都要伴随着大量的实验和理论计算，并且受仪器科学发展的制约。化学领域重要新成果的取得已经不能简单依靠个人奋斗，往往需要大的研究团队协作和充足的经费资助。一项重大科学研究计划的经费动辄以千万元计，需要很多人员参与，这就导致了个人在学科发展中的作用降低。较长的成果获取周期在一定程度上限制了化学工作者职业生涯的发展。同时，化学工业作为已经发展较为完全的产业，其人员需求量相对稳定，也造成了从业人员薪资上涨较为缓慢。这些都对化学学科吸引优秀的人才造成了影响。

化学工作者培养周期长，受化工企业固定资产投资大、生产成本高等因素影响，化学工作者的初始收入往往处于较为普通的平均水平。但是我们也应该看到，化学研究和化学工业行业发展成熟度高，从业人员专业技术水平与年龄呈正相关趋势。化学工作者的职业生命周期较长，薪酬收入稳定，且收入随工作年限的增长而增加。由于其在人才培养前期已经得到了充分的职业知识训练，并且经验随工作时间的增长而增加，因此其先发优势会长期保持，职业发展的中年危机较少。化学学科作为基础科学，可支撑的学科领域广泛。化学工作者可以从事制药、医疗、检验检疫、新材料、新能源、初高等教育，甚至专业化的投资与审计等工作。这些也恰恰是数学、物理、化学等基础学科所具有的共性。同时，为了选拔培养有志于服务国家重大战略需求且综合素质优秀或基础学科拔尖的学生，我国改革化学等基础学科的招生和人才培养模式，提出“强基计划”“拔尖计划”等拔尖创新人才培养计划，使得相关学生能够享受到一流师资、一流学习条件和一流学术氛围，这为将来诞生学术大师和兴业之士提供了重要保障。

近年来，由于相关化工企业的升级改造，自动化和无人化程度提高(图 7)，研发投入持续加大，化学化工领域从业人员的收入也在持续上升，一些知名的创新型化工企业从业人员的收入达到了较高水平。而新材料、新能源、生物医药等重点行业的发展更是需要大批训练有素的化学研究人员，因为物质生产是人类发展的基本支撑。没有高性能化学品的支持，电动汽车无法行驶，高速芯片无法生产，电子设备无法制造，人类健康也得不到有力保障。这些都需要年轻一代的化学人为之努力。

图7 可代替人类做化学实验的智能机器人已经出现

➡➡研究体系的转型期

尽管我们在应对新兴学科的挑战中充满信心，但是主动出击、发起变革将使化学学科的发展占据更多先机。当前，新兴学科的发展给我们带来的既是挑战，更是机遇，这些机遇在很多方面都超出了我们的传统认知范畴。因此，化学界需要提出全新的学科结构和研究方法。世界知名化学家、美国科学院院士、哈佛大学教授乔治·怀特塞兹撰写了《重塑化学》一文，发表于著名期刊《德国应用化学》，详细阐述了上述理念。化学的发展不能再局限于以前的“原子”和“分子”领域，而应大胆地推广到一切与原子、分子相关的系统：从细胞到人体，从太阳能电站到城市污水系统。

怀特塞兹在文章中提出了下列问题：

- 什么是生命在分子层面的基础？生命又是如何形成的？
- 大脑是如何思考的？
- 耗散系统的工作原理是什么？
- 水及其在生命和社会中的独特角色。
- 理性药物设计。
- 信息：从细胞与公共卫生到巨型城市和全球监控。
- 医疗和成本控制：“临终医疗”还是“健康生活”？
- 微生物群、营养以及其他影响健康的未知因素。
- 气候的不稳定性、二氧化碳、太阳和人类活动。
- 能源的生产、运输、使用、存储和节约。
- 催化（尤其是多相催化和生物催化）。
- 真实、大规模系统的计算和模拟。
- “不可能存在的”材料。

- 行星化学:生命仅仅出现在地球,还是广泛存在?
- 增强人类计划。
- 能够开辟新科学领域的分析(化学)技术。
- 冲突和国家安全。
- 分享科技成果:简约科技。
- 人类和机器:机器人。
- 死亡。
- 控制全球人口。
- 融合人类思维和计算机“思维”。
- 其他:就业、全球化、国际竞争和大数据。

上面的问题中很多貌似与化学毫无关系,但是我们深入思考一下就会发现,要解决这些问题,就必须依靠化学的参与。例如,“气候的不稳定性、二氧化碳、太阳和人类活动”这一问题中,二氧化碳的排放量至关重要。目前,我国已经制定了完善的碳达峰和碳中和目标,而完成这一目标则需要化学家的努力,开发更加高效的二氧化碳捕获和转化技术,消除温室气体的影响,变废为宝,将二氧化碳转化为液体燃料等高附加值化学品。再如,增强人类计划,需要我们提供能够与生物体相容的人造器官和肢体,其中涉及人造材料在生物体中的耐腐蚀问题、人机界面间神经信号的传递问题。解决这些问题需要我们充分认识化学分子在有机体中的作用及其和功能表达间的相关性。

以上问题的提出和解决已经不能完全依靠化学学科来完成。它们由实际需求而产生，需要多学科研究人员，例如，医生、电子工程师、化学工程师等协同合作来完成。要构建这种交叉合作式的研究模式，还需要政府和企业的介入。政府科技管理机构应提出更加开放的资助模式，支持对具有高度不确定性的交叉领域展开合作。而各高校则应提供更为宽广的人才培养方案，使化学专业学生能够更早地适应交叉式研究模式。企业则应跳出以完全营利为导向的保守作风，改变对探索性项目无动于衷的态度，共同加入对新知识的发掘，这样化学企业才能在未来得到更好的持续发展。

▶▶问题导向——从基础研究走向工业应用

在过去的一百多年间，高校、企业和政府组成了构建现代化学体系的三个顶点。早期的大量化学研究都是为了满足化学工业生产的需求，其中一些成果进而获得了诺贝尔奖等基础科学领域的重要奖项。现代高水平大学建设的一个重要方面就是成为具有创新能力的研究型高校，以科学技术成果服务社会发展。这一理念最早起源

于美国，并在第二次世界大战后被很多国家的大学广泛接纳。在这一过程中，如何将基础研究成果转化为生产力，推动工业应用发展，是化学工作者最需要解决的问题。要实现这一目的，首先要在研究理念上产生一定的转变。在科研领域，有两种观点一直长期并存：一种推崇实用主义，主张在项目资助之初就提出明确的任务和目标；另一种则主张资助由好奇心推动的自由探索工作，不预设研究方向。这两种观点各有其优缺点，但是从将基础成果转化为实用技术的角度来看，以实际问题为驱动力，不仅能提高研究的成功率，也能更深刻地理解基础科学问题。例如，在应对艾滋病、癌症等恶性疾病的过程中，人们在生物化学和药物设计等方面取得了长足进步。下面三个案例就体现了化学无与伦比的创造力，通过基础研究成果推动了工业文明的进步。

➡➡从染料和食品中得到的新型药物

化学对人类最大的贡献之一就是各种新型药物的合成和生产。小到感冒发烧，大到癌症，都可以依靠化学药物来减轻痛苦，甚至彻底治愈。在这些药物的研发过程中，体现了化学工作者对未知世界的不断探索，他们的成果也被应用于疾病治疗。

世界上第一种商品化的合成抗菌药“百浪多息”就是一种充满传奇色彩的药物。它是最早的磺胺类抗菌药，是由德国拜耳实验室的研究人员在1932年发现的。链球菌是化脓性细菌的一类，广泛存在于自然界、人及动物粪便中和健康人的鼻咽部，能够引起化脓性炎症、毒素性疾病和超敏反应性疾病等。尽管现在我们已经有很多药物能够治疗感染性疾病，但是在20世纪初，人们还经常因为链球菌引起的咽喉感染而死亡。无数战士因为伤口感染再也不能醒来，其中很多伤口并不致命，但是当时的医生却对此束手无策。1932年，德国病理学家、药物专家、细菌学家格哈德·多马克在尝试不同化合物对细菌的杀灭效果时，发现一种红色染料具有明显作用，实验获得了成功。他把这种化合物给感染的小白鼠服用后，小白鼠的器官没有受损，并渐渐恢复了健康。这种化合物是1908年人工合成的一种染料，被称作“百浪多息”。在体外实验中，这种化合物并没有显示出抗菌作用。但是当它进入人体后，可以分解为对氨基苯磺酰胺，从而抑制细菌的繁殖。多马克的女儿当时因伤口发炎高烧不退，生命处于严重威胁之中，他大胆地给女儿注射了“百浪多息”，治愈了女儿的疾病。同时，“百浪多息”的副作用很小，小白鼠和兔子的耐受量为500毫克每千克体重，更大

的剂量也只能引起呕吐。这个药物应用于临床后，败血症致死率从100%下降到了15%。第一种磺胺类药物“百浪多息”的发现和临床应用的成功，使得现代医学进入化学医疗的时代。之后，巴斯德研究所的研究人员发现了它的详细作用机理。磺胺与细菌生长所需要的对氨基苯甲酸在化学结构上十分相似，被细菌吸收而又不起养料作用，细菌就会死去。药物的机理弄清后，“百浪多息”逐渐被更廉价的磺胺类药物所取代，并沿用至今。1939年，多马克因其重要贡献获得诺贝尔生理学或医学奖。一种染布的染料，在化学家的大胆探索和尝试中，成为挽救生命的灵丹妙药。

与来源于染料的“百浪多息”相似，另一种维系我们生命的重要药物——他汀类化合物是从食品中得来的。随着物质文明的进步，现代人类生活水平大幅提高，但随之而来的则是因为饮食结构不合理造成的高胆固醇血症、冠心病等疾病。红曲是传统中药之一，为曲霉科真菌红曲霉的菌丝体寄生在粳米上而成。我国很多食物中也含有红曲，如红曲酒、豆腐乳、北京灌肠、无锡排骨、玫瑰卤鸭等。1979年，日本学者远藤章在研究红曲发酵液时发现并分离出能够抑制体内胆固醇合成的活性物质莫纳克林类化合物。而后，人们对天然红曲以及与之相关的霉菌和化合物进行了广泛研究，开发了系列他汀类降脂药，例如，洛伐他汀、普伐他汀、辛伐他汀、阿托他汀等，其主要成分都是莫纳克林类化合物。其中，洛伐他汀、普伐他汀是天然他汀，可从红曲、土曲霉中提取。辛伐他汀、阿托他汀是半合成或全合成他汀，经过了化学家对分子的修饰或设计。

他汀类物质的发现和远藤章自幼热爱科学、喜欢探索自然是分不开的。受祖父和父亲的影响，远藤章少年时就对家乡山里的菌类产生了兴趣。远藤章在美国留学期间从事降胆固醇药物的基础研究工作。回到日本后，他希望从霉菌和蘑菇中找到灵感，在两年内研究了大约6 000种真菌，研究之路一波三折。幸运的是，在1979年成为东京农工大学的教师后，他发现了莫纳克林。经过多年的研发，远藤章的功绩被世界认可。1994—2004年，美国的冠状动脉疾病死亡率降低了33%，这可以归功于远藤章发现的他汀类药物。远藤章既有从事自然科学的热情，又有明确的研究目的，因此得以克服困难，将实验室中的细小发现转变成改善人类生命质量的伟大药物。

➡➡从路易斯酸、路易斯碱到聚烯烃

聚乙烯和聚丙烯是现代化工行业的重要产品。因为

具有价格低廉、耐腐蚀性强、密度低等优点，它们大量替代金属材料，被用于管道、结构件、餐具、包装等领域。聚烯烃的性能和它们的相对分子质量密切相关，高相对分子质量的聚烯烃具有较好的机械性能。在70多年前，人们难以得到高相对分子质量的聚乙烯和聚丙烯。这是由于最初烯烃聚合采用自由基聚合的方式，这一过程需要高压，并且反应中存在多条路径，会形成系列链转移反应，导致大量具有树枝结构的产物产生。这不利于合成高相对分子质量的聚乙烯和聚丙烯。

针对这一问题，德国化学家卡尔·齐格勒和意大利化学家居里奥·纳塔发明了用于烯烃聚合的催化剂，称为Z-N催化剂。Z-N催化剂的特点是将路易斯酸和路易斯碱相继引入催化体系。路易斯酸和路易斯碱是我们前面了解过的两类经典化合物。路易斯酸是能够接受电子的化合物，烯烃可以通过给出π键上的电子对和路易斯酸进行配位，生成络合物，再经过分子的位移和插入，重复高分子链的增长过程。第一代Z-N催化剂的活性还不算高，每克催化剂能够引发聚合的聚丙烯质量相对较小。反应结束后，残留的催化剂需要通过化学试剂处理除去，否则会影响产品的性能。第二代Z-N催化剂则将路易斯碱引入催化体系，使催化剂表面积增大，活性提高了近十倍，但是仍需要后续的脱灰、脱无规物处理，以提高聚烯烃的质量。20世纪70年代末到80年代初，日本三井化学公司等企业开发出改进的第三代Z-N催化剂，采用$MgCl_2$负载苯甲酸乙酯的载体型催化剂，通过添加给电子分子(路易斯碱)，催化剂活性达到1×10^4克每克(每克钛引发聚合产生的聚丙烯质量)。无须脱灰和脱无规物，聚合物呈颗粒型，流动性好。这使得之后Z-N催化剂的开发不再以增加活性为主要目的，而是以催化剂的结构、形态、性能以及对烯烃聚合物的结构调控为主。20世纪80年代中期，出现了球形载体的第四代Z-N催化剂。这类催化剂由海蒙特公司发展起来，其特点是能够控制催化活性点在球形载体上的分布，每颗催化剂就像一个小型反应器，使得催化效率和活性大大提高。这为高密度聚乙烯的生产铺平了道路。第三代和第四代Z-N催化剂的出现，意味着聚烯烃催化聚合的生产工艺趋于成熟，现在世界上大多数低压聚烯烃生产过程使用的都是这两类催化剂。

Z-N催化剂被称为工业催化历史上的里程碑之一，为推动人类社会物质文明的发展做出了重大贡献。利用Z-N催化剂生产出来的聚烯烃产品被广泛应用在多个领域，我们的衣食住行都离不开它。没有聚烯烃，人们的生活将处处受限。例如，使用广泛的高密度聚乙烯，无毒，

无味，使用温度可达 100 ℃；硬度、拉伸强度高；耐磨性、电绝缘性及耐寒性较好；化学性质稳定，在室温条件下不溶于任何有机溶剂，耐酸、碱和各种盐类的腐蚀；薄膜对水蒸气和空气的渗透性小，吸水性低。高密度聚乙烯使21 世纪管道领域发生了革命性变化：塑料管材大面积取代金属，广泛用于燃气输送、给水、排污、农业灌溉、矿山细颗粒固体输送，以及油田、化工和邮电通信等领域，特别在燃气输送上得到了普遍应用。高密度聚乙烯属于较为环保的材料，加热达到熔点，即可回收再利用，可以减少白色污染。因为在聚烯烃催化剂领域的巨大贡献，齐格勒和纳塔获得了 1963 年诺贝尔化学奖。

➡➡消除室内空气污染物的半导体材料

空气污染防治是环保领域的重要课题之一。空气污染不仅包括大气中的氮氧化物、一氧化碳、挥发性有机物等，还包括多种室内空气污染物，尤其是甲醛。目前，人们对住房进行室内装修时，经常使用大量的胶合板、涂料、黏合剂等，这些都会长期释放甲醛。室内甲醛污染会使眼睛受到刺激和引起头痛，严重的可引起过敏性皮炎和哮喘。甲醛还能和空气中的离子性氯化物反应，生成二氯甲基醚，这是一种致癌物质。甲醛是含有一个碳原子的有机小分子，因此可以在催化剂的作用下氧化，分解成二氧化碳和水，从而被转化为无害物质。近年来，基于半导体材料的光催化剂在甲醛催化分解方面显示出较好的作用。1967年，东京大学本多建一教授与当时的研究生藤岛昭偶然发现，在紫外线的照射下，二氧化钛电极可以将水分解成氢气与氧气。这就是著名的“本多-藤岛效应”。光催化反应将空气中的水或氧气催化生成羟基自由基、超氧阴离子自由基、活性氧等具有氧化能力的活性基团。这些活性基团的能量极高，具有很强的氧化性，因此可以降解各种吸附在氧化钛表面的有机物。1972年，英国的《自然》杂志发表了“本多-藤岛效应”的论文，基于二氧化钛等半导体材料的光催化技术由此产生。

藤岛昭最早的研究目的并不是寻找光催化剂，而是研究把银放入酸性溶液中后，在紫外线照射下产生电动势这一现象，又称为“光贝克勒耳效应”。这是一个典型的基础物理和化学问题。藤岛昭陆续采用氧化锌、硫化镉等半导体物质进行实验，但这些物质的单晶体在光的照射下不稳定，受到辐照后表面就会变得很粗糙并且会熔化，实验因此以失败而告终。他在寻找新的半导体材料的时候，发现隔壁实验室使用的单晶二氧化钛（TiO_2）是无色透明的，并且 TiO_2 化学性质稳定，不溶于酸和碱。因此藤岛昭尝试使用 TiO_2 进行研究，设法得到了单晶

TiO_2 的样品，用钻石切割机将其切成薄片，连上导线进行测试。测试结果发现，TiO_2 在500瓦的氙灯光照下，表面会产生大量气泡。进一步研究发现，水在 TiO_2 表面被氧化产生了氧气，在阴极的金属表面产生了氢气，而二氧化钛表面仍然完好无损。这一结果令藤岛昭非常激动。他期待能够利用这种效用为解决能源问题做出一些贡献。令人遗憾的是，此种利用紫外线照射产生氢气的方法效率较低，缺乏经济价值，难以实用化。但是藤岛昭并没有放弃，他将研究转向水分解产生的自由基的强氧化能力方面。在随后的实验中，他发现 TiO_2 能够吸收太阳光或普通照明光而产生自由基。这些自由基能破坏病菌的细胞膜和病毒的蛋白质，从而达到杀菌、消毒的目的。同时，光催化剂也可以将甲醛、挥发性有机物分子氧化、矿化，变成无机小分子，例如，水和二氧化碳等。这使得光催化在抗菌、空气净化、水净化、防污、防霉方面显示出很好的使用前景。随着纳米技术的发展，锐钛矿型 TiO_2 能够大批量生产，这类材料具有更高的光催化活性。其他化学家也在 TiO_2 的基础上进行了系列改良工作。通过掺杂其他元素，TiO_2 类光催化剂的活性不断提高，达到了商业化使用的标准。目前，这项技术已经在食品、日常生活用品、化妆品、医药、养殖业等领域广泛应用，含有光催化剂的空气净化器已经进入千家万户。日本在光催化领域长期处于世界领先地位，目前已经将高效的改进型光催化剂薄膜和室内窗户玻璃相结合，实现了室内空气的长期持续净化，这一技术已应用于日本新干线列车。基于这一贡献，近年来藤岛昭成为诺贝尔化学奖的热门候选人之一。

从上面的例子我们可以看出，很多实现工业化的重要发现都是在对重要科学问题进行探索的过程中完成的，具有明确的目的导向和坚实的理论基础支撑。当然，从实验室的研究成果转变成工业产品，往往需要经历十几年甚至几十年的持续研究。创新不仅需要勇气，更需要坚持和耐心。

▶▶打破壁垒——多学科碰撞中的交叉融合

在过去数十年间，化学由传统的四大化学不断地向外拓展。虽然大学的课程体系依然按照传统结构设置，但是那些未被明确定义为化学标准二级学科的交叉领域已经极大地改变了目前化学的研究内容和学科结构，例如，金属有机化学、化学生物学、生物化学、天然产物全合成化学、纳米材料化学、能源化学等。这些细分领域基本

来源于和化学密切相关的学科，例如，生物学、材料学、药学等。它们的学科体系都强烈地依赖化学知识，以其作为研究的基础支撑。例如，化学生物学涉及化学与生命科学的交叉，化学可以帮助生物学家更深刻地在分子层面认识生理现象的本质，从而为疾病诊疗等过程提供理论依据。从学科体系来看，还有一些新兴领域似乎与化学毫无关联，例如，增材制造、集成电路等，但是它们的发展也与化学存在着千丝万缕的联系，而这种分属不同大类的学科间的碰撞交融更容易产生全新的知识体系和技术方法。下面我们就来了解一些距离化学或近或远的学科是如何与化学结合的。

➡➡与生命学科的交叉融合

现代生命科学的发展直接得益于化学的支持。沃森和克里克提出的 DNA 双螺旋结构是 20 世纪生物学最重要的发现之一，开创了分子生物学时代。对 DNA 结构的认识是基于晶体的 X 射线衍射结果和碱基间的多重氢键相互作用。当时，知名化学家鲍林也在研究 DNA 的结构，并且也有与沃森、克里克相似的认知，只是因为未得到 DNA 的晶体衍射结果而与这一发现失之交臂。从分子生物学时代开始，科学家就习惯于从分子水平研究生物大分子的结构与功能以阐明生命现象的本质，包括对蛋白质体系、蛋白质-核酸体系和蛋白质-脂质体系的研究。DNA 作为遗传物质，其碱基序列至关重要，碱基序列决定了表达出来的蛋白质的特征。同样，蛋白质中的氨基酸序列也决定了蛋白质的空间结构和功能。例如，酶的活性中心就是由特定氨基酸形成的某种化学微环境。这两种物质序列的测定都是由著名化学家、英国剑桥大学的桑格完成的。桑格在剑桥大学读书时，并未取得出色的学业成绩。1944 年，桑格在剑桥大学取得化学专业的博士学位，留校开始了博士后研究，主要从事氨基酸序列的测定工作。在当时，生物学界对于蛋白质的结构认识存在较大分歧：一种观点认为，蛋白质没有明确的化学组成和结构；另一种观点则认为，蛋白质具有明确的化学组成和结构，并且可以通过化学方法测定氨基酸的排列顺序。1955 年，桑格通过将蛋白质分解为片段，进而测定各个片段氨基酸序列的方法，成功测定了胰岛素的氨基酸序列。桑格测序法也就成为当时氨基酸序列测定的主要方法。1958 年，他因此获得诺贝尔化学奖。紧接着，他又进行了 DNA 序列的测定，提出了 DNA 序列测

定的“双脱氧链终止法”，这也为他赢得了第二个诺贝尔化学奖。

除了利用化学试剂打断分子链结构进行测序外，各种分析化学中的传统表征设备和理论也能够用于解决分子生物学中的很多重要问题。例如，透射电子显微镜技术原本是研究晶体材料微观结构的重要手段，但是2017年诺贝尔化学奖被授予冷冻电子显微镜技术领域的研发者雅克·杜波切特、阿希姆·弗兰克、理查德·亨德森，这为蛋白质精细三维空间结构的解析提供了强大的支撑，在结构生物学领域掀起了研究热潮。传统X射线和晶体学长期无法解决的许多重要大型复合体及膜蛋白的原子分辨率结构问题被逐一解决，其中，程亦凡、李雪明、施一公、颜宁、柳正峰等华人科学家也做出了重要贡献。

由上述内容我们可以看出，化学知识和工具可以帮助人们在分子生物学、结构生物学等生命科学的前沿领域获得重要突破(图8)，很多优秀的生物学家也都从事过化学的学习和研究。近年来，诺贝尔化学奖也大量地颁发给了化学和生物学的交叉领域的研究者，由此可见二者的结合非常紧密。

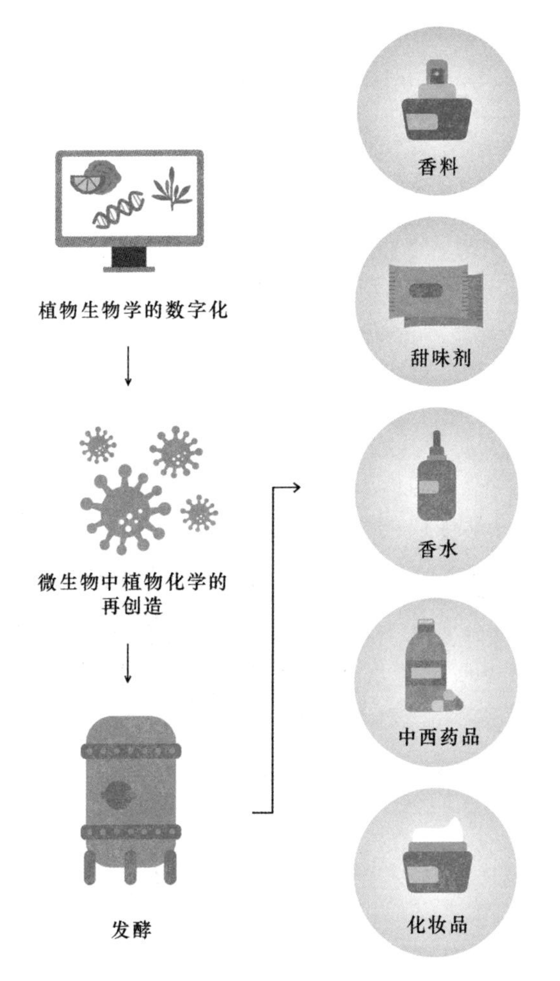

图 8　将细胞作为化工厂，生产特定化学品的合成生物学研究

➡➡与制造学科的交叉融合

3D打印是近几年非常流行的一个名词，3D打印是增材制造技术的一种。增材制造技术利用现代信息科学和控制科学的研究成果，融合了计算机辅助设计、材料加工与成型技术，以立体模型为基础，通过软件与数控系统，将专用的金属、塑料、陶瓷、树脂，甚至细胞等材料，按照烧结、熔融、光固化、喷射等方式逐层堆积，制造出具有复杂立体结构的物品。这项技术看起来完全属于机械制造领域，和化学并无关系，但是在3D打印过程中，结构件加工的难易度和成型后机械的强度直接受到加工材料的化学性质的影响。以最常见的塑料丝熔融沉积3D打印为例，并不是所有的材料都能够顺利地通过增材制造技术被加工成型。线材的熔点、玻璃化温度、黏合力、冷却收缩程度等都会影响打印效果。有些材质，如尼龙、聚丙烯、聚氨酯等，若不经过改性和添加化学助剂，则很难通过3D打印加工成型。而这些都是高分子化学家的任务。

在制造学科还有一类重要问题，就是高精度、平整光滑表面的加工。例如，生产芯片用的单晶硅，其表面需要高度平整，才能保证元器件加工时的成品率。对单晶硅、蓝宝石这些坚硬的晶体进行抛光是非常困难的，稍有不慎就会导致表面形成更大的缺损。而化学机械抛光技术则为这些材料的表面平坦化提供了有效方法。化学机械抛光是光刻之前的重要步骤，属于将化学反应与机械作用相结合的技术。在化学机械抛光中，抛光研磨浆料中的颗粒并不比被抛光的表面坚硬，这样就可以避免严重的机械损伤。而浆料中含有的氧化剂、催化剂等化学组分可以和被抛光表面的材质发生反应，形成一层相对较软的软质层，进而在机械作用下被除去，达到抛光的目的。在这一过程中，目前还存在很多技术上的难题需要突破，化学工作者在这种高精度制造领域也可以找到施展才能的空间。

➡➡与电子学科的交叉融合

化学机械抛光技术可以用于集成电路的加工，其实在电子科学领域，需要化学家解决的远不止抛光这一问题。芯片加工的过程充满了化学问题。美国英特尔公司是著名的芯片设计和生产商，其创始人戈登·摩尔就是一位物理化学家，也是著名的“摩尔定律”的提出者。摩尔在美国加利福尼亚大学伯克利分校获得化学学士学位，并且在加州理工学院获得物理化学博士学位。1968年，摩尔和诺伊斯创建了英特尔公司。目前，计算机芯片的加工过程有光刻（图9）、溶剂清洗、离子注入、化学

物理沉积等，涉及使用光刻胶、高纯电子化学品等众多化合物。据不完全统计，半导体加工行业所需的电子化学品有2万多种。电子化学品对纯度要求极高，例如，气体纯度需要控制在7个9(99.999 99%)以上，特种气体的纯度需要控制在4个9(99.99%)以上，气体中的杂质微粒直径需要控制在0.1微米以内，液体中的杂质含量需要控制在十亿分之一到万亿分之一的范围内，杂质的类型也需要控制。这些要求导致电子化学品的生产非常困难。

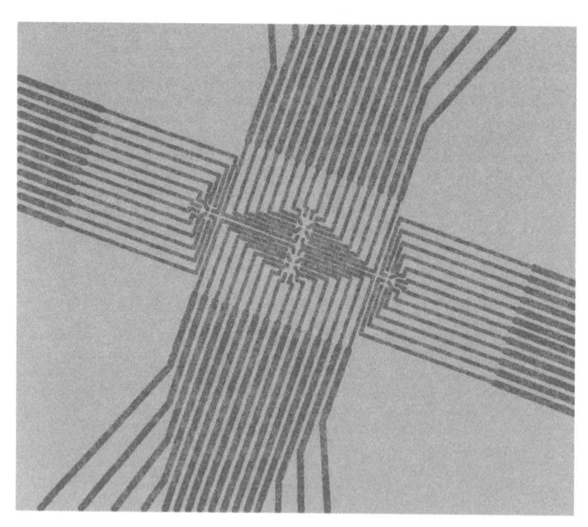

图9　光刻得到的微结构

(图中线宽为4～6微米)

▶▶他山之石——信息技术浪潮中的智能化学

电子科学与技术的发展为信息科学的进步提供了坚实的硬件保障。一方面，化学学科的发展受到这些新兴学科的巨大冲击；另一方面，化学也从未放弃从新兴学科中吸取营养，完善自己的科学体系。正如化学借助仪器学科的进步，将对物质结构的观测拓展到分子和原子尺度，当前的人工智能、大数据、机器学习等信息技术也为化学学科的发展提供了新的冲浪板。化学研究也变得愈发智能化和自动化。

在使用化学知识探索和改造自然的过程中，实验始终是最重要的组成部分。一位成熟的化学工作者需要长期的实验技术积累和数据分析经验。

人工智能的一个特点就是善于从大量的数据中寻找规律。当前，化学家已经利用人工智能开展了广泛的研究，包括化学文献中数据信息的批量化提取、化学实验室的自动化，以及机器人、神经网络法预测反应进程、化工过程系统诊断、过程控制中的人工智能方法等。其中，最成功的一个领域是借助红外、质谱、核磁共振等谱图数据迅速推断和解析未知化合物的结构。

人工智能在化合物合成方面也起着举足轻重的作用。从已有的千万种化学反应中规划出高效且可行的合成路线一直是困扰化学家的一大难题。以往研究人员需要绞尽脑汁才能设计出一条化学合成路线，如果采用基于大数据与机器学习的计算机程序辅助，就可以大大提升研发新物质的效率。有了合成路线后，研究者还可以通过通量筛选的自动化合成机器进行条件验证，将结果反馈回设计程序，从而可以快速找到最优的合成路线。2015 年，默沙东公司的研究人员在《科学》杂志报道了一种自动化高通量化学反应筛选平台。该平台以液相色谱-质谱联用仪采集实验数据，通过自动化操作系统完成整个实验，可用极高效率完成纳摩尔量级的 C—C、C—O、C—N 偶联反应组合和反应条件的筛选，每天能进行 1 536 个偶联反应，并能在线处理实验数据。2018 年，辉瑞制药公司也推出了自动化高通量反应筛选平台，每天能进行 1 500 多个偶联反应。未来的化学家将像现在的建筑师一样，利用计算机即可设计所需的分子与材料，并通过自动化设备将其快速生产出来。

做勇担使命的化学人

人只有献身于社会，才能找出那短暂而有风险的生命的意义。

——爱因斯坦

▶▶夯实知识大厦基础——化学专业的课程设置与知识体系

化学是一门应用广泛的基础学科。据不完全统计，2021 年，全国有约 300 所高校开设化学类专业。根据教育部《普通高等学校本科专业目录》(2020 年版)及《列入普通高等学校本科专业目录的新专业名单》(2021 年)，化学类的本科招生专业分为化学、应用化学、化学生物学、分子科学与工程、能源化学、化学测量学与技术。其中，分子科学与工程同化学、应用化学相似度较高，化学生物学、能源化学、化学测量学与技术是近年来新开设的专业。千里之行，始于足下，扎扎实实打好基础，是打开化

学之门的第一步。

➡➡普通高等学校化学专业设置

✣✣化学专业

化学专业注重学生化学基础理论、基本知识、基本实验方法与技能的培养。化学专业的本科毕业生应具有扎实的化学基础知识、基础理论，掌握基本实验方法与技能，理解化学学科认识世界的基本思路和方法，正确认识化学这一基础学科的重要性和潜在的发展能力。

化学专业的课程设置：各院校略有不同，但是主体上可分为公共必修课、公共选修课、专业基础课、专业必修课和专业选修课、实践必修课五个模块(图10)。

公共必修课及公共选修课包括人文和社会科学、外语、计算机与信息技术、体育和艺术等课程。主要培养学生具有正确的价值观和道德观，爱国、诚信、守法；具有高度的社会责任感和良好的协作精神；具备良好的科学文化素养；掌握科学的世界观和方法论，掌握认识世界、改造世界和保护世界的基本思路和方法；具有健康的体魄和良好的心理素质。同时，公共必修课还包括高等数学、大学物理及实验等基础课程。良好的数理基础是化学专业学生科学素养的重要组成部分，对于培养学生系统、严

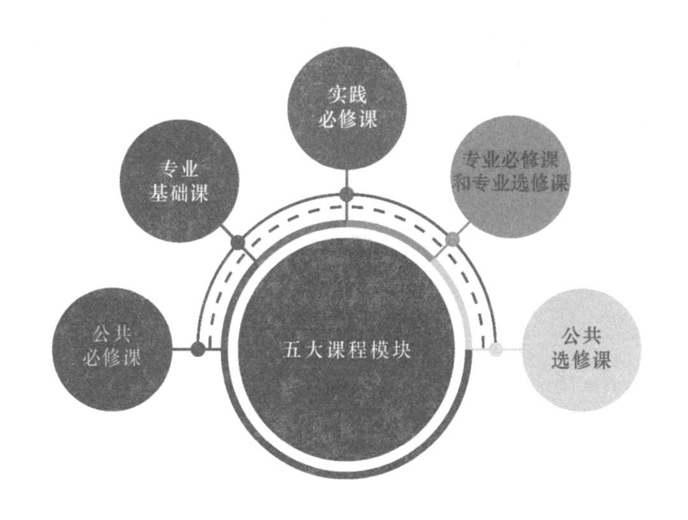

图 10　化学专业的课程设置

谨、量化的思维模式至关重要。

专业基础课构建了四大化学课程体系，即无机化学、有机化学、物理化学和分析化学，并配备相应的实验课程。四大化学基础实验是培养学生掌握基本实验方法和技能的关键环节。专业基础课还包括结构化学、仪器分析和仪器分析实验等核心课程。专业基础课重点培养学生具有宽厚、扎实的化学理论基础和较强的实验技能。专业基础课一般在大一、大二阶段完成。

专业必修课一般包括生物化学、高分子科学导论、化学综合实验、化学信息学及专业英语等。专业选修课类别广泛，学生可根据自己的兴趣自由选择。此外，学生还可以选修其他专业的课程，以满足个性化发展的需要。

实践必修课包括科研训练课程和本科毕业设计。在基础实验课程的基础上，进行综合性的科研项目训练，培养学生综合运用所学知识解决实际问题的能力，培养科学素养，并进一步挖掘潜能。化学专业新生在入学时一般不分专业，学生可以按照自己的兴趣，按要求修完全部必修课程，并在高年级选择不同的研究方向，完成毕业论文后，按化学专业毕业。

化学专业各环节要求的总学分为160～170学分。其中，理论教学环节约占85％的学分，实践教学环节约占15％的学分。

✣✣应用化学专业

应用化学专业是介于理科化学专业和工科化学工程专业之间的“接口”专业。该专业对拟在化学的各个领域从事从化学理论到技术开发工作的学生进行化学基础知识、基本技能和基本思维的训练和培养，以满足社会发展对应用型化学人才的需求。

应用化学专业的课程设置:在化学专业公共必修课和专业基础课的基础上,应用化学专业基础课增设化工原理及实验、工程图学等相关课程。而在专业必修课和专业选修课方面则体现出应用化学专业的特点。例如,专业必修课增设化工设备机械基础、应用化学综合实验、复合材料测试方法、计算机在化学化工中的应用、化工仪表自动化、表面活性剂化学、涂装技术、腐蚀与防护、涂料化学、功能材料化学、化工设计等,专业选修课增设科技创新与新产品开发、电化学应用技术等。各个高校的具体课程设置与学科特色有关,会有一定的差别,但是总体上会增加部分面向应用的化学课程。

❖❖化学生物学专业

化学生物学是 20 世纪后期发展起来的一门前沿科学,是研究生命过程中化学基础的科学。疾病的发生、发展是致病因子对生命过程的干扰和破坏,利用药物防治是对病理过程的干预。化学生物学应用化学理论和方法研究生命现象、生命过程,通过探索干预和调整疾病发生与发展的途径和机理,为新药的发现提供必不可少的理论依据。化学生物学对生命现象的研究,更加注重新的化学技术和方法(如实时、快速、无损、高灵敏度、高通量的化学分析)在生命科学中的应用,这是化学生物学与传

统的生物化学以及分子生物学的显著区别。目前,北京大学、清华大学、南开大学、厦门大学和西北大学等高校均开设了化学生物学专业。

化学生物学专业的课程设置:除学校规定的公共必修课外,在四大化学及实验课程体系的基础上,还开设生物无机化学、生物有机化学、生物化学、化学生物学、细胞生物学、分子生物学、生物信息学导论、化学生物学综合实验等课程。化学生物学专业主要培养同时具有化学与生物科学的基本理论、基本知识、实验与应用技能,具备应用研究、技术开发和科技管理的基本技能的高级专门人才。

❖❖分子科学与工程专业

分子科学与工程专业与传统的化学、化工类专业不同,它更注重用分子层次的理论和知识来解决化学及其相关的环境、材料和生命科学的问题,同时立足于国家亟待发展的功能性化学新产品研究、开发与产业化的需求,优化化学与化工教学内容,增添新的交叉学科知识。该专业旨在培养适应国家发展需求,具有良好人文素质和宽广深厚的化学、化工基础,具有较强的创新意识、基础科学研究能力和功能性化学新产品研发与产业化能力,德智体美劳全面发展的复合型高素质人才。

分子科学与工程专业的课程设置：除高等数学、线性代数、大学物理、大学英语等公共必修课外，专业基础课程主要分为化学和化工两个方面。化学方面基础课程以四大化学及实验为基础，增设现代仪器分析及实验、分子结构与性质等课程；化工方面基础课程包括化工流体流动与传热、化工热力学、化学反应工程、综合化学化工实验、化工传质与分离过程、绿色化学工艺学、分子设计与产品工程、化工技术基础实验、化工安全与环保等。

✣✣能源化学专业

能源化学专业是针对新能源研究重大基础问题、新能源应用中的关键科学问题、新能源相关关键材料和技术开发等问题而建立的新兴学科。能源化学专业以能源为研究对象，主要研究化学、可再生能源等方面的基础知识和技能，包括能源的分类、性质、用途、利用、高效转化等，以能源的合理、高效、可持续利用为目标，进行能源转化效率的提高以及能源可持续发展的探索。能源化学专业致力于研究能源、材料、化学交叉学科发展需求和专业发展等重大问题，旨在培养能源相关领域的优秀人才。

能源化学专业的课程设置：除四大化学及实验外，还

开设能源材料基础、能源系统工程、能源化学工程基础、碳资源优化利用、化学储能与转化、太阳能转化化学、合成制备、理论模拟、仪器方法等课程。

➡➡"强基计划"——选拔培养肩负使命的栋梁之材

除以上常规化学类招生专业外,2020 年 1 月,为了服务国家重大战略需求,加强拔尖创新人才的选拔培养,教育部在部分高校开展基础学科招生改革试点(也称"强基计划")工作。"强基计划"主要选拔培养有志于服务国家重大战略需求且综合素质优秀或基础学科拔尖的学生,聚焦高端芯片与软件、智能科技、新材料、先进制造和国家安全等关键领域以及人才紧缺的人文社会科学领域,由有关高校结合自身办学特色,合理安排招生专业。要突出基础学科的支撑引领作用,重点在数学、物理、化学、生物及历史、哲学、古文字学等相关专业招生。化学作为基础学科,属于"强基计划"改革试点的重点学科之一。2021 年,已经有 27 所"双一流大学"开展了化学专业的"强基计划"招生,例如,北京大学、清华大学、中国科学技术大学等。此外,还有 2 所"双一流大学"开展了应用化学专业的"强基计划"招生,分别是天津大学和大连理工大学。

高校对于通过“强基计划”录取的学生，均单独编班，制订单独的人才培养方案和激励机制，配备一流的师资，提供一流的学习条件，创造一流的学术环境与氛围，实行导师制、小班化等培养模式。在成长发展通道方面，对学业优秀的学生，可在免试推荐研究生、直接攻读博士学位、公派留学等方面予以优先考虑，探索建立“本硕博”衔接的培养模式。本科阶段重点夯实基础学科能力素养，硕博阶段既可在本学科深造，也可探索学科交叉培养路径。推进科教协同育人，鼓励国家实验室、国家重点实验室、前沿科学中心、集成攻关大平台和协同创新中心等吸纳这些学生参与项目研究，探索建立结合重大科研任务进行人才培养的机制。

下面以大连理工大学的应用化学（理学）专业为例介绍“强基计划”。大连理工大学应用化学（理学）专业是教育部“强基计划”首批招生改革试点专业，实施“本硕”衔接、“本硕博”衔接、100% 免试保送研究生的特殊人才培养模式。该专业在化工学院进行培养。化工学院是我国高端化学化工人才培养的摇篮，依托精细化工国家重点实验室，化学和工程学两个学科均为国家“双一流”建设重点学科。化工学院以学科交叉为特色，引领行业，致力

于解决能源、材料、信息、环境、健康等领域中的难题，屡次获得国家自然科学奖、技术发明奖和科技进步奖。目前正大力开展新工科建设，以绿色、智能、大数据理念为特征，前景广阔。

应用化学（理学）专业实行导师制、小班化培养模式。班级规模为20人，本科阶段修业4年，授予理学学士学位。专业以国家重大战略需求和战略性新兴产业发展需要为引领，以拔尖创新人才培养为目标，定位于培养具有高尚的道德品质，宽厚扎实的数学、物理、化学理论基础和较强的实验技能，同时受到应用研究、科研开发和科技管理方面的综合训练，能够在化学或相关科学技术领域从事研究、教学和科技开发的德智体美劳全面发展的拔尖创新型人才。大连理工大学化学一级学科博士点、国家级教学团队、国家级化学实验教学示范中心和化工学院高水平科研平台等优质教学资源和科研条件为本专业人才的培养提供了可靠保障。

在课程设置方面，分为公共必修课、专业必修课、实践必修课、跨学科必修课、选修课和第二课堂六大模块，毕业学分要求为160学分。（表1）

表 1　大连理工大学应用化学(理学)专业的“强基计划”课程体系及学分要求

课程体系		学分要求
课程类别	课程名称	
公共必修课	思想政治、军事、体育、外语、计算机、数学、物理、电磁学、力学、光学、原子物理等课程	62.5
专业必修课	无机化学、有机化学、物理化学、分析化学、仪器分析、结构化学、高分子化学与物理、化学实验室安全基础等课程	44
实践必修课	专业实验、科研训练及生产实习	19
	本科毕业论文	12
跨学科必修课	化学前沿、化学工程基础、化学工程基础实验等课程	5
选修课	通识类以及数学、物理、生物、化学、化学工程等课程	17.5
第二课堂	健康教育、社会实践、劳动等课程	不计学分
合计		160

学生可在第 3～4 学年根据个人兴趣及未来发展方向修读“本硕打通”课程(表 2),除涉及广泛的物理、化学、生物、专业英语领域的公共选修模块外,还包括功能材料、绿色催化、能源化工三个专业方向模块,所得学分可直接计入大连理工大学研究生阶段。同时,可申请减免研究生阶段的学分。学生可自主选择跨学科交叉课程、通识类课程、全校公共选修课程等,以开阔视野,满足个性化发展需求。此外,学院面向本科生开放所有科研资源,实施科教协同育人。

表 2　大连理工大学应用化学(理学)专业的“强基计划”“本硕打通”选修课程模块

课程类别	课程名称	课内学分	课内学时	建议修读学期	备注	
					课程特色	学分要求
公共选修模块	专业英语写作	1	16	3-2	本硕打通	本科≥17.5学分;本硕≥13.5学分;本博≥14.5学分;选课不限模块
	近代物理实验	4	96	3-1/3-2		
	热力学与统计物理	4	64	3-1		
	固体物理	3	48	3-2		
	半导体材料与器件	2	32	3-1		
	半导体物理	3	48	3-2		
	基因工程原理(双语)	2.5	40	3-1		
	生物物理学(双语)	2	32	3-2		
	细胞生物学	2.5	40	3-2		
	细胞与组织培养技术	2	32	4-1	本硕打通	
	生物技术前沿	2	32	4-2	本硕打通	
	晶体结构分析	2	32	4-2	跨学科选修	
	高等无机化学	2	32	3-1	本硕博打通	
	无机固态化学	2	32	3-2	本硕博打通	
	化学计量学	2	32	3-1		
	化学信息学	2	32	3-1		
	现代分析分离技术	3	48	3-2	本硕博打通	
	有机波谱解析	2	32	3-2		
	合成化学(双语)	2	32	3-2	本硕博打通	
	高等有机化学	2	32	3-2		
	有机立体化学	2	32	3-2		
	量子化学	3	48	4-1	本硕博打通	
	化学反应动力学	2	32	4-2	本硕博打通	
	精细有机合成原理	2	32	3-2		
	计算化学	1.5	24	3-2		
功能材料专业方向模块	先进功能材料	2	32	4-1	本硕打通	本科≥17.5学分;本硕≥13.5学分;本博≥14.5学分;选课不限模块
	聚合物科学	2	32	4-1	本硕打通	
	现代高分子物理学	2	32	4-2	本硕打通	
	染料化学及应用	2	32	4-1	本硕打通	
	金属有机化学	2	32	4-1	本硕博打通	
绿色催化专业方向模块	表面化学	2	32	4-1	本硕打通	
	催化科学(双语)	2	32	4-1	本硕打通	
	光电催化材料	2	32	4-1	本硕打通	
能源化工专业方向模块	电化学	3	48	3-2	本硕打通	
	能源化工进展	2	32	3-2	本硕打通	
	现代化工	2	32	4-1	本硕打通	
	碳材料科学与工程基础	2	32	4-1	本硕打通	

此外，在实践类课程方面，实行导师负责制的“一对一”培养模式，学生可根据个人兴趣进入导师实验室，参与导师科研项目，在项目工作中进一步深化实验技能和科研素养的培养，为今后硕博阶段的继续深造奠定扎实的理论基础和实验技能。

▶▶支撑各行业发展——职业需求广泛的化学专业

化学是人们接触最为广泛的学科之一，它已经渗透到我们生活的每一个角落。化学作为研究领域坚实宽广的基础学科，培养的毕业生有广泛的就业出路，材料、军工、汽车、电子、信息、环保、消防、化工、建材、机械、教师等行业（职业）都迫切需要化学人才。（图 11）那么，到底哪些行业最适合化学专业毕业生呢？

➡➡化学工程师——化工行业的灵魂角色

化工行业是国家经济的重要支柱，和每个人的衣食住行都息息相关。化学工程师作为化工行业的重要角色，其工作主要涉及石油化工、高新技术材料、水处理等领域。虽然每个领域的目标和工艺流程各有不同，但是化学工程师始终在化学相关产品和材料的设计、开发、制造等过程中扮演着重要的角色。

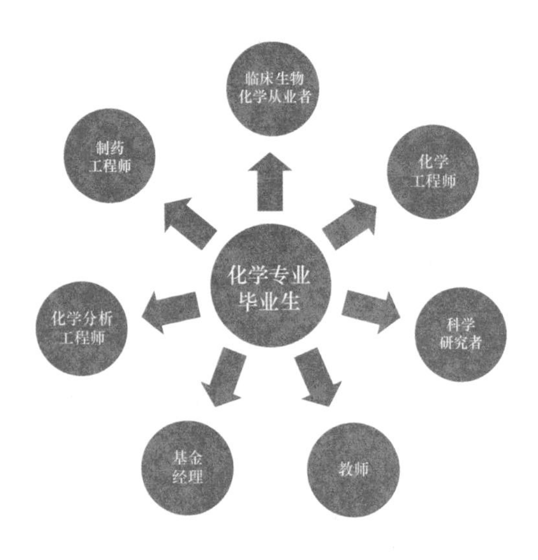

图 11　化学专业毕业生的职业发展前景

➡➡科学研究者——拥有好奇心的人

化学专业的学生毕业之后进入高校、科研院所等从事科学研究工作也是一个非常好的选择。从事科学研究，可以尽情地翱翔在知识的海洋，站在历史巨人的肩膀上，突破人类认知的极限。我们可以模拟树叶的光合作用，制作太阳能光合转化工作站，使人类摆脱对化石能源的依赖；也可以制作具有触感和神经功能的材料，用于人造皮肤，使烧伤的病人恢复健康；还可以做出特别的吸水凝胶，使水在－150 ℃不结冰，在南极也能喝到“超级凉爽”的水。

➡➡临床生物化学从业者——人类健康的守门员

临床生物化学是利用化学、生物学、免疫学等理论和技术，探讨疾病的发病机理，对疾病的特异性标志物进行识别的学科，化学是其中的核心。临床生物化学是目前全球发展最快、市场价值最高的行业之一，需要有担当的化学工作者从事临床生物化学研究、做好人类健康的守门员。

➡➡制药工程师——疾病“克星”的研发者

制药工程是化学、生物学、药学（中药学）等学科交叉的行业，包括新药的研发、新工艺的设计、新设备的使用等。我国科学家屠呦呦之所以能获得 2015 年诺贝尔生理学或医学奖，就是因为她在制药方面的贡献。一种重要药物的发明，往往能够拯救千百万人的生命，可谓意义深远。目前，随着对特种药物的需求不断增长，制药工程行业对制药工程师的需求也越来越大。

➡➡化学分析工程师——需求广泛的人才

化学分析工程师是指利用各类分析仪器对目标物质

中的一种或几种特定成分进行检验的专业人才。化学分析工程师可以涉足的行业非常多,例如,化学化工、环境保护、生物医药、化妆品制造、食品检测等。

➡➡基金经理——化学与金融的复合型人才

化学化工是工业制造业的核心基础,制造行业的许多核心技术都涉及化学问题。因此在金融行业,往往需要对企业应用的化学化工核心技术、知识产权等关键信息进行识别,非常需要化学专业人才。优秀的基金经理一定是非常好的复合型人才,不仅对金融有较深刻的见地,而且对技术也有深刻的理解。

➡➡教师——用自己的言行让更多的学生爱上化学

当一名优秀的化学教师也是不错的选择。这里既包括中小学教师,也包括大学教师。试想,当学生用充满好奇的目光看着你时,你顺手可以变出一个"化学魔术",该是多么吸引人!化学教师可以将化学知识和思维方式分享出去,引领更多的学生爱上化学。

▶▶人生成就斐然——推动人类社会发展的伟大化学家

人类文明的发展经历了漫长而又曲折的道路,可以说，人类的文明与化学的发展始终交织在一起。从公元前1500年的金丹术开始，人们就主动研究化学并从中受益。在现代文明的历史上，更是有很多伟大的化学家，他们为社会发展做出了不可磨灭的贡献。

➡➡原子论提出者——约翰·道尔顿

约翰·道尔顿(1766—1844)生于英国坎伯兰郡，家境十分贫寒，自幼失学。但道尔顿性格刚毅，始终没有放弃追求。通过不懈的努力，一路担任小学教师、中学教师、大学讲师，最后成为大学教授。

1808年，道尔顿继承古希腊朴素原子论和牛顿微粒说，提出了"原子学说"。他认为化学元素是由不可分的微粒——原子构成的，原子是不可再分的最小单位，同种元素原子的性质和质量完全一样，不同元素原子的性质和质量各不相同。不同元素组成化合物时，原子以简单的整数比相结合。在此基础上，道尔顿发表了世界上第一张相对原子质量表，为后来测定元素的相对原子质量奠定了理论基础。除此之外，道尔顿还发现了气体分压定律，认为混合气体的总压力等于各组分气体的分压力之和。

道尔顿的"原子学说"是继拉瓦锡的"氧化学说"之后

理论化学的又一次重大进步，对化学成为一门独立学科具有重要的里程碑意义。

➡➡元素周期律发现者——德米特里·伊万诺维奇·门捷列夫

德米特里·伊万诺维奇·门捷列夫(1834—1907)出生于俄国托博尔斯克。门捷列夫13岁时，他的父亲去世，母亲的工厂也被一场大火烧毁，家境一落千丈。其后，门捷列夫的母亲变卖家产，带着门捷列夫一路求学。1857年，门捷列夫被圣彼得堡大学破格任命为化学讲师。

截至1869年，科学家已经先后发现了63种化学元素。德国化学家德贝莱纳、法国化学家德·尚古多、德国化学家迈尔、英国化学家纽兰兹等都先后提出过元素性质的规律学说，但由于他们没有把所有元素作为整体来概括，因此没有找到元素的正确分类原则。门捷列夫在批判地继承前人工作的基础上，总结出这样一条规律：元素的性质随着原子量的递增而呈周期性的变化，即元素周期律。在此基础上他编制了第一张元素周期表，把已经发现的63种元素按照元素周期律排布在周期表上，对当时相对原子质量测定错误的元素提出了异议，并且还在表中留下空位，预言了尚未发现的多种元素。

若干年后，他的预言都得到了证实。因此，元素周期律和元素周期表也被称为门捷列夫元素周期律和门捷列夫元素周期表。

➡➡第一位合成有机化合物的科学家
——弗里德里希·维勒

弗里德里希·维勒(1800—1882)出生于德国法兰克福。1820年，进入马堡大学学习医学。1821年，转入海德堡大学，受化学家格麦林的影响，开始对化学感兴趣。获得医学博士学位后，他决定放弃医学，到瑞典与化学家贝采利乌斯一起工作。后来，回国担任化学教授。

虽然19世纪的化学已经得到了飞速发展，但科学家的研究几乎集中于无机化学领域，当时的“生命力学说”认为有机物只有在生物细胞的“生命力”的作用下才能合成。维勒自1824年起开始研究氰酸铵的合成。他发现在氰酸中加入氨水，蒸干后得到的白色粉末并不是氰酸铵。经过反复实验，到了1828年，他终于证明这种白色粉末是尿素，这也成为人类历史上第一种合成的有机化合物。当时科学界还普遍认为，每种化学式最多只能对应一种化合物，不存在两种化合物的化学式相同的情况。维勒的实验证明了尿素和氰酸铵的分子式是相同的，推

翻了之前的错误认识，进而提出了同分异构体的概念。

自此，人们认识到有机化合物是可以人工合成的，乙酸、酒石酸等有机物被相继合成，有机化学的序幕由此被拉开。

➡➡首位诺贝尔化学奖得主——雅各布斯·亨里克斯·范托夫

雅各布斯·亨里克斯·范托夫(1852—1911)出生于荷兰鹿特丹，父亲是当地有名的医生，家境较富有。范托夫从小聪明过人，受父亲配制药水等实验的影响，他对化学实验产生了浓厚的兴趣。1869年，范托夫到荷兰德尔夫特高等工艺学校学习，其间，受到在该校任教的化学家奥德曼斯的重视，同时受到哲学家孔德的“详尽地了解数学对理解化学本身会起到巨大的作用”思想的影响。范托夫曾先后跟随德国著名化学家凯库勒和法国化学家伍兹学习。

有机结构理论认为，有机分子中的原子都处在同一个平面内。这一理论与很多现象相矛盾，使很多问题都无法得到合理的解释。范托夫通过多次精心的实验，首先提出了碳的四面体结构学说。1875年，他发表了《空间化学》一文，提出分子的空间立体结构的假说，首创“不对称碳原子”概念，以及碳的正四面体构型假说（范托夫-勒·贝尔模型），初步解决了物质的旋光性与结构的关系。他的分子立体结构理论纠正了过去的错误，使人类对物质结构的认识向前跨了一大步。《空间化学》的发表标志着有机化学进入了新的发展阶段。

1877年，范托夫开始研究化学动力学和化学亲和力问题。1884年，范托夫出版了《化学动力学研究》一书，讨论了与化学反应速度有关的问题，并将热力学定律应用于化学平衡；他还介绍了化学亲和力的现代概念。1886年，范托夫通过大量实验研究，发表了《在溶液和气体的类比中看渗透压的作用》一文，展示了稀溶液和气体行为的相似性，还探讨了电解质对已确定的定律的偏差问题。范托夫发现的溶液中的化学动力学法则和渗透压定律，为建立近代物理化学做出了重大贡献。

1901年，在20份首届诺贝尔化学奖获得者的提案中，有11份写着范托夫的名字。为了表彰他在溶液中的化学动力学法则和渗透压定律方面的研究，瑞典科学院将首届诺贝尔化学奖授予了范托夫。

➡➡量子化学奠基人——莱纳斯·卡尔·鲍林

莱纳斯·卡尔·鲍林（1901—1994）出生于美国波特

兰，从小就立志成为一名化学家。15岁进入俄勒冈农学院化学工程系学习。由于家境不好，鲍林在大学期间半工半读，还没毕业就开始为本科生上课，常常是上学期修完一门课，下学期就开始讲授。这一经历使他有机会接触各种化学学术期刊，为之后的科学研究奠定了坚实的基础。

1925年，鲍林获得博士学位，随后到欧洲留学。欧洲此时正在经历一场物理学革命，用一套全新的理论——量子力学来揭示原子的结构。鲍林被“力学”两字深深吸引，一度考虑转行专攻理论物理，但最终决定专注于化学。鲍林的第一个研究目标是甲烷分子中的碳原子，他将量子力学与化学相结合，提出了杂化轨道理论。鲍林提出，碳原子与周围四个氢原子成键时，所使用的轨道并非原来的s轨道或p轨道，而是二者经混杂、叠加而成的“杂化轨道”，这种杂化轨道在能量和方向上的分配是对称均衡的。随后，鲍林将研究成果写成论文，投到了《美国化学会志》。由于内容太过超前，编辑部甚至找不到合适的审稿人，最后不经审稿直接发表了这篇文章。

量子化学就此诞生。

➡➡侯氏制碱法创始人、中国重化学工业开拓者——侯德榜

侯德榜(1890—1974)出生于福建省闽侯县。1911 年，考入北平清华留美预备学堂，以 10 门功课满分的优异成绩誉满清华园。1913 年，进入美国麻省理工学院化工系学习。

1921 年，侯德榜获得哥伦比亚大学博士学位，之后接受著名民族化学实业家范旭东的邀请，进入塘沽永利碱厂任工程师。早在 1862 年，比利时化学家索尔维就发明了"索氏制碱法"。"索氏制碱法"成为制碱工业的主要方法。但这个方法被几个国家垄断，当时一吨纯碱的价格相当于一盎司黄金。塘沽永利碱厂用重金买到一份"索氏制碱法"的简略资料。侯德榜埋头钻研，终于在1926 年实现了突破，成功合成出高品质的纯碱。随后，侯德榜出版了《纯碱制造》一书，将工艺无偿分享给全世界，打破了"索氏制碱法"的垄断。

1937 年，日本发动全面侵华战争，塘沽永利碱厂被侵占，侯德榜在川西重新建立了永利制碱厂。但川西主要使用井盐，品质较低，而且"索氏制碱法"对原料 NaCl 的利用率只有 70%，生产过程还会产生大量的氯化钙废物，

所以川西的条件不适合使用“索氏制碱法”。针对这个问题，侯德榜经过反复尝试，将制氨和制碱工艺结合，形成了新的工艺，将 NaCl 的利用率提高到 96%，且大幅降低了废物量，制碱工艺取得了重大突破。这个工艺最大限度地利用了紧缺的资源和条件，被称为“侯氏制碱法”。随后，“侯氏制碱法”实现了工业化和大面积推广，奠定了我国化学工业的基础。

➡➡中国甾族激素药物工业奠基人——黄鸣龙

黄鸣龙(1898—1979)出生于江苏省扬州市。1918 年，毕业于浙江医药专科学校(现浙江大学医学院)。1924 年，获德国柏林大学哲学博士学位。1955 年，当选为中国科学院学部委员(院士)。

黄鸣龙自 1938 年开始从事甾体化学的研究，从此便与甾体化合物结下了不解之缘。黄鸣龙首次发现甾体中的双烯酮-酚的移位反应，用于生产女性激素。1945 年，黄鸣龙应美国著名甾体化学家菲泽教授的邀请到哈佛大学化学系开展研究工作。当时，甾体激素药物工业已在世界上兴起，而在我国仍是一片空白。1952 年回国后，黄鸣龙主张走自己的路，从国内丰富的医药遗产中提取原料。他带领青年科技人员开展了甾体植物的资源调查和甾体激素的合成研究。目标是把有疗效的甾体化合物作为激素药物进行工业化生产。经过几年奋战，中国药学史翻开了崭新的一页。在黄鸣龙的带领下，以国产薯蓣皂素为原料合成的“可的松”成功问世，不但填补了我国甾体工业的空白，而且使我国相关合成方法跨入世界先进行列。继“可的松”之后，我国的甾体激素类药物，如黄体酮、睾丸素、地塞米松等相继问世、投产。1965 年，黄鸣龙牵头研制的口服避孕药甲地孕酮获得成功，令世界瞩目。黄鸣龙数十年如一日忘我工作在科研第一线，毕生致力于有机化学事业，特别是甾体化合物的合成研究，为我国有机化学的发展和甾体药物工业的建立与发展做出了突出贡献。

迄今为止，黄鸣龙还原反应还是有机化学史上唯一用中国人姓名命名的反应。

在有机化合物的合成过程中，当涉及要将醛类或酮类的羰基还原为亚甲基时，需要用到沃尔夫-凯惜纳还原法。但是该方法需要用到容易爆炸的金属钠和价格昂贵的无水肼，同时还需要进行封管操作或使用高压釜，操作不便。此外，还要保证严格无水，即使有极少量的水存在，也不可避免地会引发副反应。黄鸣龙对反应条件进行了改良，使用高沸点溶剂（如二甘醇、三甘醇）代替封管

操作，用氢氧化钠或氢氧化钾代替金属钠。操作时先将醛、酮、氢氧化钠、肼的水溶液和一种高沸点的水溶性溶剂一起加热，使醛、酮变成腙，再蒸馏出过量的水和未反应的肼，达到腙的分解温度（约 200 ℃）时继续回流 2～3 小时，反应即可完成。这样可以不使用沃尔夫-凯惜纳还原法中的无水肼，也不需要金属钠，反应可在常压下进行，反应时间从原来的 3～4 天缩短为 3～4 小时，反应产率提高到 90%。现在国际上将羰基还原成亚甲基的反应，用的基本都是“沃尔夫-凯惜纳-黄鸣龙改良还原法”，简称“黄鸣龙还原法”。

➡➡中国稀土之父——徐光宪

徐光宪（1920—2015）出生于浙江省上虞县（今绍兴市上虞区）。中学时曾获浙江省数理化竞赛优胜奖。1944 年，毕业于上海交通大学化学系。1948 年，考取自费公派赴美留学生。1951 年，获美国哥伦比亚大学博士学位。回国后在北京大学化学系任职。1980 年 12 月，当选为中国科学院学部委员（院士）。

从 1972 年起，徐光宪就开始从事稀土元素的分离提纯研究工作。在当时，分离镨钕是国际上公认的难题。国际上一般萃取体系的镨钕分离系数为 1.4～1.5。徐光宪运用在络合物平衡和萃取化学方面的基础理论知识和积累的经验，配制了季铵盐-DTPA“推拉”体系，使镨钕分离系数达到了4.0，创造了当时国际上镨钕分离系数的最高纪录。但是这一方法很难直接用于工业生产，因为无法实现串级萃取过程。徐光宪仔细分析了在串级萃取过程中络合平衡移动的情况，发现在稀土“推拉”体系中，国际上通用的阿尔德斯串级萃取理论并不适用。徐光宪靠着不断探索的奋斗精神，从查阅国内外相关资料到验证实验假定，推导了上百个化学公式，终于设计出一种回流串级萃取新工艺。这种工艺把镨钕分离后的纯度提高到了99.99%。

在这些工作的基础上，徐光宪继续深入研究，陆续提出了可广泛应用于稀土串级萃取分离流程优化工艺的设计原则和方法、极值公式等，建立了串级萃取动态过程的数学模型与计算程序、回流启动模式等。将这些原则和方法用于实际生产，大大简化了工艺参数设计的过程，减少了化工实验品的消耗。特别是这些原则和方法能适应不同的工厂，因而能普遍使用，使中国稀土元素分离技术达到国际先进水平。

如今，我国掌握着全球86%的稀土加工体量，纯净度高达99.999 9%，已经稳坐稀土加工大国的宝座。应该

说，徐光宪功不可没。

▶▶君子敬义立而德不孤——坚持化学工作者的职业操守

“君子敬以直内，义以方外，敬义立而德不孤”，语出《周易》。意思是说，君子要以敬慎的态度使内心永怀忠信，把道义作为坚定的准则向外推行。敬慎和道义并立，就会德行广布。化学是一门充满创造性的学科，化学发展史就是创造新分子和构建新物质的历史。化学家天马行空的想象，构筑了今天纷繁多彩的世界。但是化学工作者在合成和应用新物质时，一定要秉持谨慎的态度，针对新物质的理化性质和应用场景，做全面、充分的评估。严谨是化学工作者必须遵守的最基本原则，也是化学工作者的必备素质。

回顾历史，有太多惨痛的教训值得我们警醒。某些新物质的出现确实帮助人们解决了眼前的困难，但是由于发现之初认识的局限，或出于利益的驱使，并没有经过严谨、周全的实验验证便投入使用，经过多年的大量应用实践，最终却被证实对人类健康或生态环境造成了巨大的危害。这些新物质发展史上的惨痛教训值得我们深思。

➡➡毒品之王——海洛因的前世今生

海洛因是以吗啡生物碱作为合成起点得到的半合成毒品,俗称白粉。海洛因是令人谈之色变的一级毒品。但大家可能不知道,海洛因在问世之初,却被当作能包治百病的“万能神药”。很长一段时间它就像感冒药一样成为家庭常备药物,人们甚至把海洛因用于治疗婴儿哭闹。

海洛因的诞生可以说是一场偶然的巧合。1897 年 8 月 21日,拜耳公司的化学家费利克斯·霍夫曼在进行药物改良实验过程中,尝试将吗啡作为原料,机缘巧合之下合成了二乙酰吗啡。该药物被证明在麻醉方面有奇效,其镇痛效果是吗啡的 4～8 倍。且经过简单的动物实验后,并没有发现明显的副作用,也没有发现会使人上瘾。对此,拜耳公司的管理者喜出望外,认为此药物完全可以替代令人上瘾的吗啡,成为公司的金矿。公司还为其取名为海洛因,意指英雄。于是,在巨大的商业利益诱惑下,拜耳公司在该药物研究成功不到一年,且没有经过完整的临床试验情况下就匆忙将其推向市场,就此埋下祸根。

在海洛因诞生之初,人们并不知道它有巨大的成瘾

性，加之拜耳公司极具煽动性的广告宣传，比如“不会上瘾的吗啡”“安抚痛苦的灵魂”，因而海洛因几乎被用来治疗各种伤痛，如咳嗽、癌痛、抑郁、支气管炎、哮喘、精神疾病等。一些登山俱乐部甚至建议俱乐部成员在登山前服用此药，因为它能使呼吸更为顺畅，让他们攀登得更高。海洛因的使用人群也几乎包含各个群体，如学生、警察、老人、运动员、孕妇等。直到后来，随着使用者群体的不断扩大，渐渐有服用者出现了用药后的不良反应。科学家经缜密研究才发现海洛因的毒品本质：它比吗啡的成瘾性更强烈，它的水溶性更大，吸收亦更快，脂溶性也更大，因此更容易通过血脑屏障进入神经中枢，麻痹人们的神经。

1910 年起，各国取消了海洛因在临床上的应用。1912 年，在荷兰海牙召开的鸦片问题国际会议上，与会代表一致赞同管制鸦片、吗啡和海洛因的贩运。1924 年，美国参、众两院立法禁止进口、制造和销售海洛因。1953 年，首先发明了海洛因生产工艺的英国政府也将海洛因从《英国药典》中删除，这也标志着作为药品的海洛因彻底终结。但是恶魔早已被放出，直到现在海洛因依然是滥用最为广泛的毒品之一。

➡➡**DDT——一个奇迹的破灭**

DDT 俗名滴滴涕，是一种典型的有机氯农药，化学名称为二氯二苯基三氯乙烷。1874 年，奥地利化学家奥特玛·赛德勒首先合成了 DDT，之后的 65 年一直无人问津。1930—1940 年，全世界的农林害虫问题非常严重，蚊、蝇、虱、蚤等害虫猖獗，并导致疟疾、霍乱、斑疹、伤寒等多种流行疾病，对人类健康和生命安全构成了极大威胁。1939 年，瑞士化学家保罗·赫尔曼·穆勒首先发现 DDT 可以作为杀虫剂使用，而且 DDT 的各种性质符合当时杀虫剂的许多理想指标：杀虫谱广，药效强劲持久，生产简便，价格便宜。因此，DDT 被广泛地使用，甚至疯狂地滥用。一时间，DDT 溶剂、粉剂、乳剂疯狂销售，甚至直接使用在人体上。第二次世界大战期间，士兵为了驱赶战场上蚊、蝇、虱、蚤等害虫，直接将 DDT 喷洒在身上，满面笑容地沐浴在白色的 DDT 烟雾中。1948 年，仅仅在 DDT 商品化后的第 6 年，诺贝尔生理学或医学奖就被授予了保罗·赫尔曼·穆勒。

虽然 DDT 的大面积喷洒使得蚊、蝇、虱、蚤等害虫明显减少，防止了整个欧洲斑疹、伤寒病的流行，但是负面效应也逐渐显现：男性精子数目减少，新生儿早产，鸟类钙代谢紊乱、生软壳蛋等现象开始出现。美国著名女作

家蕾切尔·卡逊在《寂静的春天》一书里揭露了 DDT 的负面效应，引起了人们对其安全性的思考。虽然低剂量的 DDT 对动物无害，但是它非常稳定，很难降解。由于长时间在医学、农业上的疯狂使用，DDT 随着食物链不断在动物体内累积，早已对生态系统造成了严重破坏。医学家发现，现代人的血液、大脑、肝和脂肪里都有 DDT 的残留物，不少人因 DDT 而慢性中毒。到今天，DDT 已经成为历史上"最著名"的有机污染物，全世界范围内已全面禁用 DDT 等有机氯杀虫剂。

DDT 在农业和卫生领域的巨大成功，在全球掀起了研制有机合成农药及其他人工合成化学品的热潮。从此，人工合成化学品迅速增加，包括许多有毒和未知毒性的化合物。而 DDT 从人类的"宠儿"到"弃儿"的戏剧性命运也让人们意识到，在对待新发明、新物质时要加倍小心！

➡➡"海豹儿"畸形婴儿——"反应停"事件

人类发明的化学药物既带来了极大的益处，也造成了意想不到的伤害，对化学药物的盲目依赖和滥服已造成了许多悲剧。其中，最典型的案例之一就是"反应停"事件。

沙利度胺,又名“反应停”,为谷氨酸衍生物。20世纪50年代最先在联邦德国上市,作为镇静剂和止痛剂使用,主要用于治疗妊娠恶心、呕吐等症状。20世纪60年代前后,欧美十多个国家的医生都在使用这种药治疗妇女妊娠反应。很多人吃了“反应停”后的确不吐了,恶心的症状得到了明显改善,于是它成了“孕妇的理想选择”(当时的广告用语)。接下来,“反应停”被大量生产、销售。仅在联邦德国就有近100万人服用过“反应停”,“反应停”每月的销量达到了1吨。在联邦德国的某些州,患者甚至不需要医生处方就能购买到“反应停”。

但随即而来的是,许多新生的婴儿短肢畸形,形同海豹,被称为“海豹肢畸形”。随着越来越多“海豹儿”病例的报道,沙利度胺引起了医生和研究人员的注意。经过大规模的流行病学调查,发现沙利度胺就是导致这些不幸的罪魁祸首。1961年,这种药物退出历史舞台,但是它所造成的危害却无法忽视。这些“海豹儿”在父母的期盼和家人的祝福中出生,本应该拥有健康的身体和快乐的童年,却因为“反应停”承受了巨大的不幸。

沙利度胺事件让我们时刻警醒,在药物研发和临床试验过程中应该更加全面、规范、严格地管理,同时,科研人员、医护人员和药师也要更加谨慎,同心协力,以最大

限度地避免类似事件的发生。

➡➡坚守化学工作者的良心和责任

我们生活在一个充满变革的时代，而化学是这个时代最重要的主题之一。化学的灵魂在于创造，更在于责任。化学名词从来没有像今天这样如此频繁地出现在百姓的日常生活中，如三聚氰胺、苏丹红、孔雀绿、塑化剂、瘦肉精……除了食品安全问题，还有能源危机问题、严重的环境污染问题等，这关乎每一位化学工作者的社会责任。当我们回顾化学给人类进步做出的巨大贡献的同时，也要时刻提醒自己，化学给环境带来的种种严重污染。作为一名化学工作者，一定要肩负起责任，不忘初心，始终保持化学家的良心。

化学，是魅力无穷的，是出神入化、技艺娴熟的实验手法，是创造新结构、新物质的惊喜，更是以国家和民族为己任、永无止境的追求。亲爱的同学们，请备好知识，去做个有责任的化学人。你们的才华，会给这个社会带来更多美好的变化！

参考文献

[1] 广田襄. 现代化学史[M]. 丁明玉,译. 北京:化学工业出版社,2018.

[2] 赵匡华. 化学通史[M]. 北京:高等教育出版社,1990.

[3] 柏廷顿 J R. 化学简史[M]. 胡作玄,译. 北京:中国人民大学出版社,2010.

[4] 洪定一. 塑料工业手册聚烯烃[M]. 北京:化学工业出版社,1999.

[5] WHITESIDES G M. Reinventing chemistry[J]. Angewandte Chemie International Edition,2015,54(11):3196-3209.

[6] BP Energy Outlook 2030[EB/OL]. [2021-04-21]. https://www.bp.com/content/dam/bp/business-

sites/en/global/corporate/pdfs/energy-economics/energy-outlook/bp-energy-outlook-2013. pdf.

[7] 蔺爱国. 石油化工[M]. 北京:石油工业出版社,2019.

[8] 俞红梅,衣宝廉. 电解制氢与氢储能[J]. 中国工程科学,2018,20(3):58-65.

[9] 理夏德·佩特拉. 热辐射工程热力学:太阳能利用[M]. 西安热工研究院,译. 北京:中国电力出版社,2015.

[10] MILLER T E, BENEYTON T, SCHWANDER T, et al. Light-powered CO_2 fixation in a chloroplast mimic with natural and synthetic parts[J]. Science, 2020, 368(6491): 649-650.

[11] 蕾切尔·卡逊. 寂静的春天:Silent Spring(英文版)[M]. 天津:天津人民出版社,2019.

[12] 郭豫斌. 诺贝尔化学奖明星故事[M]. 西安:陕西人民出版社,2009.

[13] 刘化章. 合成氨工业:过去、现在和未来——合成氨工业创立100周年回顾、启迪和挑战[J]. 化工进展,2013,32(9):1995-2005.

[14] SCHLÖGL R. Catalytic synthesis of ammonia—a

"never-ending story"? [J]. Angewandte Chemie International Edition,2003,42(18):2004-2008.

[15] 马克·米奥多尼克. 迷人的材料:10 种改变世界的神奇物质和它们背后的科学故事[M]. 赖盈满,译. 北京:北京联合出版公司,2018.

[16] 贾秀丽. 人工超材料设计与应用[M]. 北京:科学出版社,2020.

[17] YANG Z P,CI L J, BUR J A, et al. Experimental observation of an extremely dark material made by a low-density nanotube array[J]. Nano Letter, 2008,8(2):446-451.

[18] ZHOU L, TAN Y L, WANG J Y, et al. 3D self-assembly of aluminium nanoparticles for plasmon-enhanced solar desalination[J]. Nature Photonics, 2016, 10:393-398.

[19] 王光祖. 超硬材料制造与应用技术[M]. 郑州:郑州大学出版社,2013.

[20] 高鸿锦. 液晶化学[M]. 北京:清华大学出版社,2011.

[21] 马光辉,苏志国. 高分子微球材料[M]. 北京:化学工业出版社,2005.

[22] 聂俊，朱晓群，庞玉莲，等．光固化技术与应用［M］．北京：化学工业出版社，2021．

[23] 埃尔菲尔德 W，黑塞尔 V，勒韦 H．微反应器：现代化学中的新技术［M］．骆广生，王玉军，吕阳成，译．北京：化学工业出版社，2004．

[24] 环境科学大辞典编委会．环境科学大辞典［M］．北京：中国环境科学出版社，2008．

[25] 周美娟，万成松，丁振华．核辐射与核污染：公众防护与应对［M］．北京：人民卫生出版社，2012．

“走进大学”丛书拟出版书目

什么是机械？ 邓宗全 中国工程院院士
哈尔滨工业大学机电工程学院教授(作序)
王德伦 大连理工大学机械工程学院教授
全国机械原理教学研究会理事长

什么是材料？ 赵 杰 大连理工大学材料科学与工程学院教授
宝钢教育奖优秀教师奖获得者

什么是能源动力？
尹洪超 大连理工大学能源与动力学院教授

什么是电气？ 王淑娟 哈尔滨工业大学电气工程及自动化学院院长、教授
国家级教学名师
聂秋月 哈尔滨工业大学电气工程及自动化学院副院长、教授

什么是电子信息？
殷福亮 大连理工大学控制科学与工程学院教授
入选教育部“跨世纪优秀人才支持计划”

什么是自动化？ 王 伟 大连理工大学控制科学与工程学院教授
国家杰出青年科学基金获得者(主审)
王宏伟 大连理工大学控制科学与工程学院教授
王 东 大连理工大学控制科学与工程学院教授
夏 浩 大连理工大学控制科学与工程学院院长、教授

什么是计算机？ 嵩 天 北京理工大学网络空间安全学院副院长、教授
北京市青年教学名师

什么是土木？ 李宏男 大连理工大学土木工程学院教授
教育部“长江学者”特聘教授
国家杰出青年科学基金获得者
国家级有突出贡献的中青年科技专家

什么是水利？ 张 弛 大连理工大学建设工程学部部长、教授
教育部“长江学者”特聘教授
国家杰出青年科学基金获得者

什么是化学工程？
贺高红 大连理工大学化工学院教授
教育部“长江学者”特聘教授
国家杰出青年科学基金获得者
李祥村 大连理工大学化工学院副教授

什么是地质？ 殷长春 吉林大学地球探测科学与技术学院教授(作序)
曾 勇 中国矿业大学资源与地球科学学院教授
首届国家级普通高校教学名师
刘志新 中国矿业大学资源与地球科学学院副院长、教授

什么是矿业？ 万志军 中国矿业大学矿业工程学院副院长、教授
入选教育部“新世纪优秀人才支持计划”

什么是纺织？ 伏广伟 中国纺织工程学会理事长(作序)
郑来久 大连工业大学纺织与材料工程学院二级教授
中国纺织学术带头人

什么是轻工？ 石 碧 中国工程院院士
四川大学轻纺与食品学院教授(作序)
平清伟 大连工业大学轻工与化学工程学院教授

什么是交通运输？
赵胜川 大连理工大学交通运输学院教授
日本东京大学工学部 Fellow

什么是海洋工程？
柳淑学 大连理工大学水利工程学院研究员
入选教育部“新世纪优秀人才支持计划”
李金宣 大连理工大学水利工程学院副教授

什么是航空航天？
万志强 北京航空航天大学航空科学与工程学院副院长、教授
北京市青年教学名师
杨 超 北京航空航天大学航空科学与工程学院教授
入选教育部“新世纪优秀人才支持计划”
北京市教学名师

什么是环境科学与工程?

陈景文 大连理工大学环境学院教授
教育部“长江学者”特聘教授
国家杰出青年科学基金获得者

什么是生物医学工程?

万遂人 东南大学生物科学与医学工程学院教授
中国生物医学工程学会副理事长(作序)

邱天爽 大连理工大学生物医学工程学院教授
宝钢教育奖优秀教师奖获得者

刘　蓉 大连理工大学生物医学工程学院副教授

齐莉萍 大连理工大学生物医学工程学院副教授

什么是食品科学与工程?

朱蓓薇 中国工程院院士
大连工业大学食品学院教授

什么是建筑? **齐　康** 中国科学院院士
东南大学建筑研究所所长、教授(作序)

唐　建 大连理工大学建筑与艺术学院院长、教授
国家一级注册建筑师

什么是生物工程?

贾凌云 大连理工大学生物工程学院院长、教授
入选教育部“新世纪优秀人才支持计划”

袁文杰 大连理工大学生物工程学院副院长、副教授

什么是农学? **陈温福** 中国工程院院士
沈阳农业大学农学院教授(作序)

于海秋 沈阳农业大学农学院院长、教授

周宇飞 沈阳农业大学农学院副教授

徐正进 沈阳农业大学农学院教授

什么是医学? **任守双** 哈尔滨医科大学马克思主义学院教授

什么是数学? **李海涛** 山东师范大学数学与统计学院教授

赵国栋 山东师范大学数学与统计学院副教授

什么是物理学? **孙　平** 山东师范大学物理与电子科学学院教授

李　健 山东师范大学物理与电子科学学院教授

什么是化学？ 陶胜洋 大连理工大学化工学院副院长、教授
王玉超 大连理工大学化工学院副教授
张利静 大连理工大学化工学院副教授
什么是力学？ 郭　旭 大连理工大学工程力学系主任、教授
教育部“长江学者”特聘教授
国家杰出青年科学基金获得者
杨迪雄 大连理工大学工程力学系教授
郑勇刚 大连理工大学工程力学系副主任、教授
什么是心理学？ 李　焰 清华大学学生心理发展指导中心主任、教授(主审)
于　晶 辽宁师范大学教授
什么是哲学？ 林德宏 南京大学哲学系教授
南京大学人文社会科学荣誉资深教授
刘　鹏 南京大学哲学系副主任、副教授
什么是经济学？ 原毅军 大连理工大学经济管理学院教授
什么是社会学？ 张建明 中国人民大学党委原常务副书记、教授(作序)
陈劲松 中国人民大学社会与人口学院教授
仲婧然 中国人民大学社会与人口学院博士研究生
陈含章 中国人民大学社会与人口学院硕士研究生
全国心理咨询师(三级)、全国人力资源师(三级)
什么是民族学？ 南文渊 大连民族大学东北少数民族研究院教授
什么是教育学？ 孙阳春 大连理工大学高等教育研究院教授
林　杰 大连理工大学高等教育研究院副教授
什么是新闻传播学？
陈力丹 中国人民大学新闻学院荣誉一级教授
中国社会科学院高级职称评定委员
陈俊妮 中国民族大学新闻与传播学院副教授
什么是管理学？ 齐丽云 大连理工大学经济管理学院副教授
汪克夷 大连理工大学经济管理学院教授
什么是艺术学？ 陈晓春 中国传媒大学艺术研究院教授